# 四旋翼无人机
# 自主控制技术

杨　森　苏立军 ◎ 主编

齐晓慧　李文广　黄欣鑫 ◎ 副主编

QUADROTOR AUTONOMOUS

CONTROL TECHNOLOGY

北京理工大学出版社
BEIJING INSTITUTE OF TECHNOLOGY PRESS

# 内 容 简 介

  自主控制是实现四旋翼无人机主要功能的关键技术，其涉及诸多内容，本书主要围绕四旋翼无人机建模与参数辨识、姿态抗扰控制、避障航迹规划等内容展开研究。针对四旋翼无人机建模与参数辨识，本书阐述了基于牛顿－欧拉公式建立四旋翼无人机数学模型的方法，介绍了 CIFER 频域算法，将其引入四旋翼模型参数的辨识中，并给出了具体步骤，得到了复杂程度适中、较为准确的系统模型。针对四旋翼无人机姿态控制，本书引入了基于 NLADRC 的姿态解耦控制器，介绍了自抗扰控制的基本思想，对非线性 ADRC 进行了线性化，设计了一种更为简洁的基于 LADRC 的四旋翼无人机姿态控制器，并采用改进粒子群算法进行了参数整定。针对避障航迹规划问题，本书分别研究了单机、多机避障航迹规划方法。在单机离线避障航迹规划方面，本书介绍了一种改进的人工蜂群算法，将其引入避障航迹规划中，得到了满足四旋翼无人机性能约束的最优航迹；在单机在线避障航迹规划方面，介绍了 HDSO－RRT 算法，将其引入避障航迹规划中，该方法优化了算法规划时间、航迹长度和转弯角度等；在多机编队避障航迹规划方面，本书研究了基于一致性和人工势场的四旋翼无人机编队避障航迹规划方法，所设计的控制协议实现了四旋翼无人机编队队形的生成和保持以及对障碍物的规避，同时可以避免编队四旋翼无人机之间发生碰撞。

**图书在版编目（ＣＩＰ）数据**

  四旋翼无人机自主控制技术／杨森，苏立军主编
. -- 北京：北京理工大学出版社，2022.1
  ISBN 978 - 7 - 5763 - 0884 - 6

  Ⅰ．①四… Ⅱ．①杨… ②苏… Ⅲ．①无人驾驶飞机
－自动飞行控制－飞行控制系统 Ⅳ．①V279②V249.122

  中国版本图书馆 CIP 数据核字（2022）第 016941 号

---

出版发行／北京理工大学出版社有限责任公司
社　　址／北京市海淀区中关村南大街 5 号
邮　　编／100081
电　　话／（010）68914775（总编室）
　　　　　（010）82562903（教材售后服务热线）
　　　　　（010）68944723（其他图书服务热线）
网　　址／http://www.bitpress.com.cn
经　　销／全国各地新华书店
印　　刷／保定市中画美凯印刷有限公司
开　　本／710 毫米×1000 毫米　1/16
印　　张／9
彩　　插／3　　　　　　　　　　　　　责任编辑／徐　宁
字　　数／140 千字　　　　　　　　　　文案编辑／辛丽莉
版　　次／2022 年 1 月第 1 版　2022 年 1 月第 1 次印刷　　责任校对／周瑞红
定　　价／68.00 元　　　　　　　　　　责任印制／李志强

# 前　言

　　无人机（Unmanned Aerial Vehicle，UAV）是无人驾驶飞行器的简称[1]。相比有人机，无人机具有机动性好、造价低廉、续航时间长、操控人员风险小、不受人员生理极限限制等优点[2]，故军用、民用前景广泛。在军事领域，无人机可执行对地面战场的侦察监视、情报获取、火力支援、空中打击等任务；在民用领域，无人机可以用于航拍、地形勘测、环境监测、植保、通信中继、火灾地震救援等[3][4]。根据不同的平台构型，无人机可以分为固定翼无人机、旋翼无人机、扑翼无人机等。与固定翼无人机相比，旋翼无人机具有垂直起降、机动性能强、便于控制等优点；与扑翼无人机相比，旋翼无人机具有更大的尺寸和任务载荷，在复杂环境下具有更强的生存能力。其中，四旋翼无人机是旋翼无人机中的典型代表。

　　四旋翼无人机结构紧凑简单、操作性强，仅靠控制四个电动机的转速就能实现悬停、垂直起降和一些特定的飞行姿态，可在室内或狭窄环境内执行任务，因此在军用和民用领域得到了广泛的应用[5]。为了使四旋翼无人机高标准完成特定飞行任务，需要设计其控制系统、建立准确的系统模型。目前针对四旋翼无人机建模有两种方法——理论分析法和实验法，分别存在对环境适应性弱且计算量大、风洞实验成本高、周期长等问题[6]，而且广泛应用在四旋翼无人机控制系统中的 PID 控制技术在抗干扰方面也有待进一步改进[7][8]。同时，这些四旋翼无人机飞行高度较低，受地面建筑物及树木影响较大，飞行环境复杂，一旦操作失误，不仅造成财产损失，还会危及人身安全。因此，研究四旋翼无人机系统建模与控制技术以及避障航迹规划有关问题具有重要的现实意义。

　　此外，在未来的民用市场乃至战争中，由于任务类型复杂多样，单架四旋翼无人机的有效载荷有限，无法满足需求；另外单架四旋翼无人机执行任务效益较低。因此，多架四旋翼无人机编队飞行、协同执行任务的研究越来越受关注。在侦察、抗干扰等方面多机编队协同具有单机无法比拟的优势。无人机编队不仅具有更宽广的搜索和侦察范围，而且能按照统一的时间进度在各个空域获取信息或执行任务，从而达到时间和空间上的高度一致。但是编队飞行中四旋翼无人机不仅要躲避环境中的障碍物，还要避免编队无人机之间发生碰撞，否则会造成编队失败，无法执行任务。因此，四旋翼无人机编队避障航迹规划也是编队飞行亟待解决的问题。

本书的主要工作是通过频域辨识得到四旋翼无人机较为准确的数学模型，并围绕干扰环境下四旋翼无人机姿态稳定控制、单架四旋翼无人机和多架四旋翼无人机编队的避障航迹规划问题展开研究，重点解决模型中参数不易确定、现有姿态控制方法抗扰性差以及避障航迹规划方法不佳等问题。

因编者水平有限，书中难免有疏漏之处，还望广大读者指评指正！

编　者

# 目 录

# 第1章 概　述

本章首先总结归纳了国内外四旋翼无人机的研究现状，总结提炼了四旋翼无人机有待解决的主要问题；然后根据所提问题确定研究内容并阐述研究思路；最后给出本书架构。

## 1.1　四旋翼无人机研究现状

### 1.1.1　工程应用现状

21世纪初，随着微机电系统的成熟，以及电池和无刷电动机等技术的发展，四旋翼无人机引起了各界的广泛关注[9]。在军事领域，它可以很好地完成侦察、打击等任务，在演习中还可以作为靶机，用以增强空中武器的灵活性与准确度[10,11]。在民用领域，四旋翼无人机可分为商业用无人机与工业用无人机两种，在商业用无人机中，航拍功能的应用最广泛[12]；对于工业用无人机，喷洒农药、气象监测、物流配送等是其主要的应用领域[13,14]。

随着四旋翼无人机研究的日趋成熟，一些商用产品开始面世，其中具有代表性的有加拿大 Draganflyer Innovations 公司制造的 Draganflyer 系列无人机[15]、德国 Microdrones 公司的 MD4 系列无人机[16]、法国 Parrot 公司开发的 AR. Drone 系列无人机[17]及我国大疆公司生产的 Phantom 系列遥控四旋翼无人机[18]等。Draganflyer X 无人机采用碳纤维作为机体材料，机身轻、续航时间长，是一款研制较早且非常具有代表性的四旋翼无人机[19]［图1−1（a）］；MD4 系列无人机依靠地面操控人员遥控，在室内和室外可实现稳定飞行与定点悬停[20]，自推出后在欧洲市场取得了巨大的成功［图1−1（b）］；AR. Drone 系列无人机可利用智能飞行技术纠正风力和其他环境误差，并通过智能设备上安装的 App 进行操控[21]，是一款技术先进的消费级四旋翼无人机［图1−1（c）］；大疆公司的 Phantom 4 遥控四旋翼无人机具

有良好的抗风性能和飞行性能[22]，并在航拍摄像领域展现了优异的性能[23]
［图1-1（d）］。

（a）                                （b）

（c）                                （d）

图1-1  四旋翼无人机产品

（a）Draganflyer X；（b）MD4；（c）AR. Drone；（d）Phantom 4

除了上述四旋翼产品，零度智控（北京）科技有限公司研发的"双子
星"无人机具有可靠的双飞控系统[24]；广州亿航智能技术有限公司推出的
"天鹰"系列无人机具有高度扩展性，可满足不同商业需求[25]；深圳一电
科技有限公司设计的"战鹰"系列无人机可稳定悬停拍摄现场[26]，常用作
警用装备等。现在国内的四旋翼无人机产品也广泛占领了市场。

## 1.1.2    理论研究现状

近十几年来，随着先进控制理论、空气动力学理论等相关学科的发展，
国内外科研机构在四旋翼无人机的理论方法研究方面取得了大量的成果。
代表国外研究前沿的有美国宾夕法尼亚大学GRASP实验室[27]、瑞士联邦理
工学院洛桑/洛桑联邦理工学院（EPFL）[28]、斯坦福大学的无人机研究小组
等机构[29]。国外四旋翼无人机研究概况如表1-1所示。

国外大学与科研机构在优化四旋翼无人机结构、提高飞行稳定性及编
队飞行能力等方面取得了较大进展。国内各大高校也开展了四旋翼无人机
相关技术的研究，在建立理论模型、气动参数辨识、导航与控制算法等诸
多领域取得了成果。国内四旋翼无人机研究概况如表1-2所示。

表 1－1 国外四旋翼无人机研究概况

| 国家 | 科研机构 | 研究概况 |
|---|---|---|
| 瑞士 | EPFL 学院 | 该校的 OS4 项目以机构设计方法和自主飞行控制算法为研究重点[30]。OS4I 使用了 DraganflyerⅢ 的旋翼和框架，4 个 Faulhaberl 724 电动机，以及微惯性测量单元 MT9－B，已经分别基于 PID、LQR、反步法等多种控制算法实现了飞行器姿态控制。目前已经实现了 OS4Ⅱ 在室内环境中基于惯导的自主悬停控制[31] |
| 美国 | 宾夕法尼亚大学 | 该校 GRASP 实验室设计的四旋翼无人机不仅能实现室内稳定飞行、避障及目标识别等功能，还可以执行编队协同任务[32]。该小组使用红外传感器和摄像头，协助惯性测量单元获取无人机姿态与位置的信息，从而改善了控制效果[33] |
| | 斯坦福大学 | 该校无人机研究小组开展了关于四旋翼无人机的多智能体控制自主旋翼飞行器平台计划（STARMAC）[34]，先后设计了两套名为 STARMAC Ⅰ型和 STARMAC Ⅱ型的四旋翼无人机系统，两套系统均具有上下层控制结构，载质量可达 1 kg，传感器采用了 IMU、GPS、声呐等模块，能与地面站之间进行无线通信[35]。此外，斯坦福大学 Ilan Kroo 和 Fritz 团队开发了 Mesicopter 项目，研制了微型四旋翼无人机，机身尺寸仅为 16 mm×16 mm，这是世界上最著名的微型飞行器之一[36] |
| | 麻省理工学院 | 该校关于四旋翼无人机的研究起步较早，已开展了无人机集群健康管理计划。该计划主要是使用地面遥控设备实现多架无人机在动态环境中协同合作并执行任务。MIT 四旋翼无人机安装有 IMU 惯性测量单元反馈姿态信息，以及可对周围环境感知、重建的激光扫描阵列，从而规划航迹[37] |
| | 佐治亚理工大学 | GTMARS 是该校面向火星探测任务而设计的四旋翼无人机系统，其能自主起飞和降落，巡航速度可达到 42 km/h[38]。另外，其着陆器装载太阳能电池，可自行着陆补充能量[39] |

续表

| 国家 | 科研机构 | 研究概况 |
| --- | --- | --- |
| 澳大利亚 | 国立大学 | 该大学自主研发的 X4 Flyer Mark Ⅰ 和 X4 Flyer Mark Ⅱ 型四旋翼无人机[40]，在控制模型中侧重研究俯仰和横滚的模态耦合，提升了无人机的稳定性与抗干扰能力 |

表 1 − 2 　国内四旋翼无人机研究概况

| 科研机构 | 文献 | 研究概况 |
| --- | --- | --- |
| 南京理工大学 | 文献［41］ | 分别提出了基于滑模技术、反步法、自适应理论等先进控制算法的飞行控制系统，做了相应的仿真验证，并应用于四旋翼无人机 |
| 上海交通大学 | 文献［42］ | 主要研究了四旋翼无人机导航和四旋翼机器人视觉理论，设计了基于图像处理的无人机位姿估计算法 |
| 北京航空航天大学 | 文献［43］ | 致力于四旋翼无人机建模与控制问题，通过系统辨识技术构建了四旋翼无人机较为准确的非线性模型，并设计了反馈线性化控制律，在飞行实验中得到了验证 |
| 南京航空航天大学 | 文献［44］ | 主要围绕四旋翼无人机辨识建模等相关理论做研究，并将模糊控制技术应用于四旋翼无人机中 |
| 国防科技大学 | 文献［45］ | 将 PID 控制技术应用于四旋翼无人机飞控中，并提出基于自抗扰的姿态控制器，可实现对自主飞行四旋翼直升机姿态增稳控制 |
| 哈尔滨工业大学 | 文献［46］ | 将蚁群算法进行改进，并应用于四旋翼无人机的航迹规划问题中，有效地提高了其避障效率 |

除此之外，浙江大学、清华大学等也致力于基于视觉导航的四旋翼机器人的研究，并取得了相应成果，对四旋翼无人机的发展具有重要意义。

# 1.2　四旋翼无人机关键技术研究现状

## 1.2.1　建模辨识方法研究现状

由于小型四旋翼无人机非线性、强耦合的复杂结构，建立较为精确的数学模型具有一定难度[47]。大型无人机的建模方法已相对成熟，可采用一些比较完善的方法或直接使用商业软件，但这是建立在复杂的模型结构分析、理论推导以及昂贵的地面实验基础上的。因此，直接将大型无人机的建模方法用于小型四旋翼无人机建模并不可行[48]。小型四旋翼无人机需要更快的动态性能、更高的控制灵敏度，其建模的目标是获得一个复杂度适中、便于仿真、经过相应处理后可用于设计控制器的模型[49]。其建模方法一般有机理建模法、系统辨识法以及将二者相结合的建模方法[50]。

### 1. 机理建模

机理建模是指通过对四旋翼无人机进行动力学与运动学的理论分析，在进行实验、飞行验证和模型改进的基础上建立准确的数学模型。该方法需要空气动力学、飞行力学等理论基础[51]。机理建模以牛顿－欧拉方程为基础，结合四旋翼无人机气动力学和动态特性分析，在飞行实验、飞行验证和模型改进的基础上建立准确的数学模型[52]。机理建模方法从模型来源上可分为模型修改和结构分析两种。

模型修改方法是指利用已有的动力学模型，根据研究对象的实际情况，进行适当修改后获得适合该四旋翼无人机的动力学模型。该方法的研究思路：将已有的四旋翼无人机模型在一定飞行状态下进行线性化，得到一组线性小扰动常微分方程，然后根据研究目的和四旋翼无人机的特点，对所得模型进行修改。结构分析法是根据四旋翼无人机的结构建立物理模型，考虑机体、旋翼、机身等部分力和力矩的作用，以及气动力学，用微分方程描述动力学模型[53]。该方法能直接反映研究对象的特点，具有针对性强、模型匹配性高等优点，但是存在建模难度大、关键参数难以获得、难以进行飞行实验验证等缺点[54]。

### 2. 系统辨识

与机理建模相比，系统辨识或者机理建模与系统辨识相结合的灰箱辨识更易实现。四旋翼无人机的系统辨识是指基于飞行实验获得输入/输出数据，对确定结构的待辨模型进行参数估计来确定模型的方法。系统辨识包含三个要素——数据、模型、准则，可根据建模目的与使用范围的不同选择相应的辨识准则和实现方式[55]。系统辨识分为黑箱辨识与灰箱辨识，黑箱辨识不涉及四旋翼无人机实际结构，直接利用输入/输出数据以及辨识准则获得特定数学模型及参数。黑箱辨识实现方便，但不利于理解四旋翼无人机的模型结构及动态特性[56]。因此，采用灰箱辨识，即结合机理建模和系统辨识的建模方法，先通过机理分析获得模型结构，然后通过系统辨识估计出模型的未知参数，在小型无人直升机建模上更加可行，目前也取得了更多进展[57]。

系统辨识依据飞行数据的种类可分为频域辨识和时域辨识；依据待辨识模型的类型分为全姿态模型辨识和单通道模型辨识[58]。20 世纪 60 年代以来，适用于数字计算和非线性系统分析的状态参数法被引入控制论领域，促进了滤波、预测和估计理论的蓬勃发展，时域的输出误差法、最大似然法、卡尔曼滤波法在动力学系统的辨识，特别是在气动参数辨识中得到了广泛的应用[59]。频域的辨识方法随后也有了很大发展，研究者给出了最大似然法、预报误差法和辅助变量法的频域公式，同时从参数估计的角度给出了从频率响应曲线求飞机传递函数的复变量回归法，并总结了频域中参数估计的最大似然法、输出误差法等，进行了较为严谨的数学推导，使之可用于多种数据形式，从而将在时域中广泛应用的统计学辨识方法推广到频域[60]。

四旋翼无人机的频域系统辨识利用在特定激励下，输入/输出数据的频率响应来估计给定参数模型的不确定参数。一般是利用快速傅里叶变换计算出频率响应，然后通过辨识算法获得模型参数，其辨识流程如图 1 - 2 所示。频域法在处理动力学系统和非定常线性动力学系统的参数辨识方面有独特优势，与时域辨识相比，频域辨识容易削减噪声的影响，容易实现测试数据的压缩，容易实现多次实验数据的合并，因此频域辨识广泛应用于飞行器系统辨识。

## 1.2.2　姿态控制方法研究现状

四旋翼无人机是一个强耦合、欠驱动的非线性时变系统，对其控制器

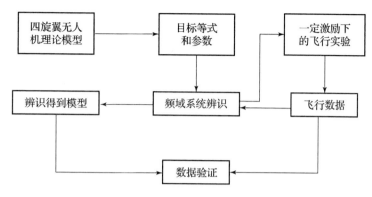

图 1-2 四旋翼无人机系统辨识流程示意

的设计变得相当复杂。同时，模型的准确性和传感器的精度也会影响控制系统的性能[61]。尽管四旋翼控制系统的设计面临着种种困难，其独特的性能优势和广泛的应用领域还是吸引着越来越多的学者对其进行研究。

目前，有关四旋翼的控制算法主要有 PID 控制、反步法、嵌套饱和控制、模糊控制、神经网络控制及滑模控制等，各控制方法的特点如表 1-3 所示。

表 1-3 四旋翼无人机控制算法特点

| 控制方法 | 文献 | 特点 |
|---|---|---|
| PID 控制 | 文献 [62~65] | 在单通道控制器设计方面技术比较成熟，因此在四旋翼无人机的工程实践中得到了大量应用。然而，经典 PID 控制的参数整定过程烦琐、可移植性差、解耦性能和鲁棒性差等缺点限制了四旋翼无人机控制性能的提高 |
| 反步法 | 文献 [66, 67] | 被广泛应用于非线性系统和欠驱动系统的控制。该方法基于 Lyapunov 稳定性理论，通过反向递推构造 Lyapunov 函数设计控制器，使系统实现全局渐进稳定。该方法适用于严格反馈控制结构的系统，在四旋翼无人机的跟踪控制中应用较多 |

续表

| 控制方法 | 文献 | 特点 |
|---|---|---|
| 嵌套饱和控制 | 文献 [68, 69] | 该方法是一种适用于前馈级联系统的控制策略,具有计算量小、鲁棒性强和全局渐进稳定的优点。但适用条件是将四旋翼无人机动力学模型转换为严格的前馈级联规范型,针对四旋翼无人机系统不能完全反馈线性化的特点,文献 [69] 将动力学模型部分反馈线性化,然后经坐标变换转换为规范型,设计了饱和嵌套控制器 |
| 模糊控制 | 文献 [70] | 该方法不需要具体被控对象的精确数学模型,而是通过实际飞行数据对控制器相关参数进行训练直至获得理想的控制性能,经常与其他控制方法组合对四旋翼无人机进行控制 |
| 神经网络控制 | 文献 [71] | 利用神经网络解决非线性模型中难以求解的问题,利用非线性映射能力得到中间变量与实际输入的对应关系 |
| 滑模控制 | 文献 [72 ~ 74] | 该方法是一种变结构控制,通过一定逻辑改变系统内部反馈控制结构,使系统的状态在滑模面上滑动,并最终达到平衡点。滑模控制器对内外部干扰具有不敏感性,且鲁棒性较强。文献 [73] 将四旋翼系统分为全驱动子系统和欠驱动子系统,分别设计了滑模控制器。文献 [74] 设计了滑模观测器来估计由风或模型参数不确定性引起的干扰,提高了控制系统的鲁棒性 |

  在这些控制理论中,除少数的经典控制器(如 PID 控制器)能应用于实际外,其他大多数先进控制理论因过于复杂而大多只用于仿真,离实际工程应用还有较大的一段距离。另外,经典控制和单一的现代控制方法都

只是侧重于被控系统的某一特性，针对四旋翼无人机这种非线性、强耦合以及欠驱动的复杂系统，单一的控制器很难达到满意的效果。因此，将多种控制算法相结合的复合控制方法成为近年来四旋翼控制算法研究的热点。虽然已经产生许多四旋翼无人机的控制算法，但从整体发展现状来看，四旋翼无人机的自动控制系统还处于起步阶段。目前对四旋翼无人机控制算法的研究基本上都是在特定的假设下进行算法仿真验证，并未考虑系统的应用实现[75]。因此，现有的各种控制算法并不能真正实现四旋翼无人机的自主飞行，还有许多关键技术亟待解决。

## 1.2.3 避障航迹规划研究现状

### 1. 单架四旋翼无人机避障航迹规划方法

四旋翼无人机避障航迹规划方法可以分为普通方法和优化方法。普通方法可以得到连接起始点和目标点的可行航迹；而优化方法将航迹规划问题转化为优化问题，可以得到一定条件下的最优航迹。

普通方法包括栅格法、可视图法、人工势场法、A*算法、RRT算法、枚举法等，其中常用的是人工势场法和RRT算法。优化方法可以分为经典优化算法和智能优化算法，智能优化算法又可细分为个体智能优化算法、群智能优化算法和混合群智能优化算法[76]。优化算法主要特点比较如表1-4所示。

表 1-4 优化算法主要特点比较

| 类别 | 特点 | 包含算法 |
|---|---|---|
| 经典优化算法 | 经典优化算法指运筹学范围内数学规划技术的优化方法，具有完善的数学基础，可靠性强，算法成熟，具有可重复性；但是求解时对目标函数信息需求量大，算法采用串行计算，复杂度高。其适合应用于简单、计算量比较小的优化问题中 | 分解算法、内点算法、原始对偶法、梯度法、拟线性规划法、拉格朗日乘子法、制约函数法等 |
| 个体智能优化算法 | 智能优化算法是受大自然中优化过程的启发构造的，它不依赖于待求解问题的数学函数性质，只需给出适应度。具有数学信息要求低、随机搜索、全局优化、迭代求解、对参数敏感的特点 | 模拟退火算法、禁忌搜索算法等 |

| 类别 | 特点 | 包含算法 |
| --- | --- | --- |
| 群智能优化算法 | 群智能优化算法的思想基础是对生物群体进行社会性合作来解决问题的模拟，该算法不仅保留了个体智能优化算法的优点，还具有很强的并行计算能力以及个体之间的分工合作。但是这类算法是对生物群体的模拟，缺乏数学理论基础，优化结果具有不可预测性和不可重复性，参数选取没有理论指导，选取困难 | 遗传算法、蚁群算法、人工免疫算法、粒子群算法、人工蜂群算法、人工鱼群算法、果蝇算法等 |
| 混合群智能优化算法 | 每种算法都有一定的适用范围，混合群智能优化算法的思想是将已经存在的多个算法按照一定的规则融合在一起，继承单个算法的优点，克服其不足，提高算法的求解效率 | 按照融合方式不同可以分为串联结构、并联结构和嵌入结构 |

与智能优化方法相比，普通方法规划航迹的时间较短、实时性好，但是规划航迹通常不是满足约束条件的最优航迹，只是一条可行航迹；智能优化方法采用运筹学方法或者引入适应度值，能够规划满足约束条件的最优航迹或者近似最优航迹，但是这类算法同时需要花费大量的时间来寻优，实时性相对较差。几种常用四旋翼无人机避障航迹规划算法的主要特点如下。

（1）人工势场法。

算法的思想是建立由目标点产生的引力场和障碍物产生的斥力场共同形成的虚拟势场，四旋翼无人机按照势场下降的方向搜索，规划避障航迹[77,78]。人工势场法将空间中目标点和障碍物的信息反映到势能场中，其最大的特点是整个空间内规划对象的运动是由当前所处位置的势能和梯度方向决定的，算法结构简单，规划航迹运算量小，实时性强[79]。但是当威胁区域在起点和目标点的连线上时，四旋翼无人机受力不稳定导致振荡问题；当无人机在非目标点位置受到的引力和斥力及其合力为零时，无人机最终停留在极小点处，从而陷入局部极值[80,81]。

（2）A * 算法。

该算法通过评价各个节点的代价值，把这些代价值进行比较，取代价值小的节点作为扩展节点，接着此节点继续扩展下一个节点，直至目标点被选为扩展节点，由此可产生从起始点到目标点的代价函数值最小的航迹[82]。该算法理论简单、计算效率高、容易实现，并且具备完全性[83]；A * 算法引入了启发函数，搜索效率得到提高。但是该算法存在计算量呈指数爆炸、规划效果过于依赖启发函数、启发函数不易获得、一旦陷入障碍物陷阱就会导致搜索失败等缺点[84,85]。

（3）RRT 算法。

该算法是一种增量式搜索算法，通过构建的随机树在搜索空间中的生长来规划航迹。它是一种随机性航迹规划方法，不需要建立空间信息模型，可以直接在任务空间中均匀采样，具有概率完备性[86~88]。该算法内存占用少，实时性好，特别是在高维规划空间中优势越发明显，不会陷入局部极小值点。RRT 算法规划航迹具有很强的随机性，通常不是最优航迹；规划航迹曲折，随机搜索树全局搜索，浪费规划时间[89,90]。

（4）遗传算法。

该算法源于遗传学和达尔文适者生存的自然科学规律，通过模拟基因的复制、交叉和变异来完成优化过程[91,92]。该算法鲁棒性好；采用并行式搜索，提高了运算效率，并且具有全局最优性；搜索不要求目标函数连续、可导[93]。但是遗传算法实时性较差，航迹规划所需时间较长；遗传因子选择困难，可能会出现过早收敛的现象[94]。

（5）蚁群算法。

该算法是模拟蚂蚁觅食机制的优化仿生算法。蚂蚁群体通过信息素的变化，在空间中寻找最优路径。该算法寻优能力强，搜索速度较快；同时算法搜索的并行性以及蚂蚁个体之间的相互协作大大提高了算法的有效性[95,96]；另外，算法具有鲁棒性强、便于与其他算法结合的特点。与其他算法相比，蚁群算法收敛速度慢，实时性较差，不适合应用于搜索空间大、实时性要求高的场合；另外，算法存在搜索停滞、无法进行全局寻优的缺点[97~99]。

（6）粒子群算法。

该算法的基本思想是将鸟群中的每个个体抽象成没有大小和质量的粒子，将寻优问题类比成鸟群的觅食问题[100,101]。该算法具有精度高、参数设置少的优点，同时也存在早熟收敛、后期搜索效率低的缺点[102~104]。

（7）人工蜂群算法。

该算法是受蜜蜂采蜜过程的启发提出来的，通过雇佣蜂、侦察蜂和采蜜蜂共同参与、相互交流与协作来实现。与其他智能算法相比，该算法具有灵活的寻优策略，在全局搜索的同时能够兼顾局部搜索；算法结构简单，采用并行计算方式，寻优效率高。同时存在陷入局部极值的缺点，但是由于采用局部搜索和全局搜索相结合的方式，陷入局部极小值的概率大大降低[105,106]。

现阶段，对算法理论的研究比较深入，而在工程实现方面相对滞后。目前四旋翼无人机的地面站软件中大多没有航迹自动规划功能，所规划航迹都是操控者手动取点规划，这种规划方式随机性大，通常不是最优航迹。将航迹规划算法嵌入地面站，实现航迹的自动规划功能，不仅可以减小操控者的工作量，而且规划航迹质量也会大幅提高，这种离线避障航迹规划功能的开发具有一定的现实意义。在四旋翼无人机在线避障航迹规划研究中，中国台湾学者 Xin Zhongpeng 将改进的 RRT 算法嵌入导航系统中，实现了自动避障航迹规划功能[108]，但是研究还只限于实验室，并且是在单一障碍物环境下进行的。在商业领域，如图 1 - 3 所示，大疆的 Phantom 4 依靠双目摄像头，实现了自动避障功能；极飞的 Xcope 植保机和昊翔的 Typhoon H 六旋翼无人机则搭载红外双目摄像头，实现夜间环境下的避障功能；零度的 Xplorer 2 四旋翼无人机应用激光雷达测距系统实现了避障功能，这种雷达在夜间效果较好，白天易受强光线干扰。虽然这些无人机公司都实现了自动避障功能，但是离自动航迹规划还有一段距离。

单架四旋翼无人机避障航迹规划存在的主要问题可以概括如下。

1）常用地面站软件大多缺少自动规划航迹的功能，需要手动规划航迹，不仅费时费力，而且无法保证航迹代价在一定条件下最优。

2）环境感知困难，每一种传感器都有自身的优缺点，单一类型的传感器无法获取周围环境的全部信息，而多种传感器的融合极大地增加了待处理的信息量，在功耗受限的飞控板上难以流畅运行。

3）在线避障航迹规划算法要求实时性高，同时传感器无法适应所有飞行环境，需要对算法不断进行优化。

4）自动避障功能已取得初步成果，但是在线自动航迹规划研究还需实践检验。

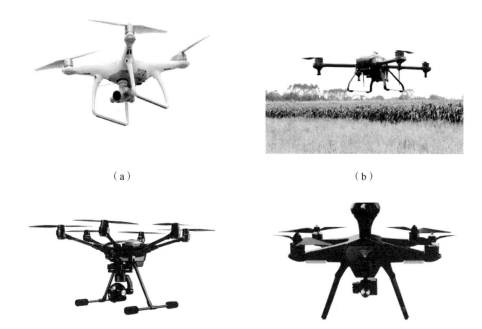

图 1-3　带避障功能的无人机

（a）Phantom 4；（b）Xcope；（c）Typhoon H；（d）Xplorer 2

**2. 四旋翼无人机编队避障航迹规划方法**

从上层控制策略上来看，四旋翼无人机编队控制方法分为领航—跟随法、虚拟结构法、基于行为的方法和一致性方法[109]。每种方法的特点如下。

（1）领航 - 跟随法。

该方法中，一架飞机被设计为领航者，其他飞机作为跟随者，且跟随领航者的位置和方向，形成预定的队形[110]。这种编队方式的队形由领航者来确定，可以通过控制理论进行编队分析；但是编队队形固定，不能适应复杂的环境，另外缺少跟随者向领航者的信息反馈[111,112]，领航者无法对跟随者的状态进行调整。

（2）虚拟结构法。

该方法将四旋翼无人机编队看成一个单一的虚拟结构，每架四旋翼无人机都是虚拟结构中的点[113]。群体的行为容易描述，四旋翼无人机之间有信息反馈，可以到达较高的控制精度；但是编队队形受限于刚体结构，缺乏灵活性[114]。

（3）基于行为的方法。

该方法的思想是每架四旋翼无人机定义几个期望的行为，每个行为都有自己的目标，控制行为则是在给每个行为赋予一个适当的权值后的总和。该方法是一种分布式控制结构，每架四旋翼无人机可以控制自己的行为；但是群体的行为很难定义，数学分析困难，编队稳定性得不到保证[115]。

（4）一致性方法。

该方法使每架四旋翼无人机通过与其最邻近的无人机进行通信，使整个编队机群保持一致性的状态[116]。一致性方法在规模较大的四旋翼无人机编队中适应性、灵活性较强且鲁棒性强；但是对信道容量和通信延迟有很高的要求[117,118]。

在无人机编队研究方面，国外起步较早，不仅在理论研究方面取得了很大进展，而且一些理论成果已经在实际中得到了应用。2004 年，美国实现了由两架无人机组成的松散编队实验；奥地利西贝尔公司的 Camcopter S‑100 无人直升机与空客公司的 H145 有人直升机成功完成系列"有人—无人编队"飞行。国内在四旋翼无人机编队方面的研究也取得了重大进展。2018 年春晚，深圳的高巨创新公司实现了 300 架四旋翼无人机编队表演。这些研究成果都是在没有外界干扰、场地空旷的地方完成编队飞行的，而环境中的障碍物会对四旋翼无人机编队的安全产生很大影响。目前，对四旋翼无人机编队避障航迹规划理论研究已比较深入，但研究成果的有效性还需要实验检验。

四旋翼无人机编队避障航迹规划存在的主要问题可以概括如下。

1）四旋翼无人机编队避障航迹规划的队形设计困难，控制技术比较复杂，编队控制理论分析的难度较大。

2）四旋翼无人机编队与地面站以及编队无人机之间的通信延迟对编队控制和编队避障有较大影响。

3）四旋翼无人机编队的拓扑结构发生变化，将影响编队的稳定性，甚至无法形成预期编队队形。

4）四旋翼无人机通常使用 GPS 进行定位，但受 GPS 精度的影响，难以进行密集编队，且定位误差影响编队策略的执行。

# 第2章 四旋翼无人机建模与参数辨识

为使四旋翼无人机完成特定的飞行任务，需设计其控制系统。而建立一个能客观反映无人机运动且精度较高的数学模型是对控制系统进行研究和设计的前提。

目前，四旋翼无人机建模主要采取以下两种方法。

（1）机理分析法，即采用传统工程经验和现代空气动力学知识进行分析，利用数学方法进行推导得到理论模型。该方法在模型准确度及运算复杂度上难以兼顾，且忽略了环境对模型参数的影响。

（2）实验法，其包括风洞实验法和系统辨识实验法。采用风洞实验法获取四旋翼无人机的关键参数，存在实验周期长且成本较高的缺点。系统辨识实验法分为"黑箱""灰箱""白箱"三种方法，其中"灰箱"辨识是在已知系统满足某些基本原理，但有些机理还不清楚的情况下进行辨识实验的。

综上分析，采用机理分析与"灰箱"辨识实验相结合的方法，根据运动学与动力学定理推导出理论模型，提炼出未知的关键参数，然后设计合理的飞行实验，利用飞行数据进行运算处理，估计出系统参数的值，是目前四旋翼无人机获取关键参数、建立准确模型的有效手段。

在参数辨识过程中，目前较为常用的是时域辨识方法，如最小二乘法、极大似然法和基于神经网络的智能辨识算法等。基于最小二乘法的辨识结果很容易受测量噪声的影响[119]；极大似然法计算复杂度高，计算量大[120]；人工神经网络容易陷入局部最优解，且实时性较差[121]。相比以上时域辨识方法，在频域下辨识关键参数更适用于具有高阶动态特性、飞行数据信噪比较低的四旋翼无人机系统。其中，CIFER是美国军用飞机辨识软件，它采用先进的频域辨识算法，可以估计得到系统的传递函数和状态空间模型，使辨识模型的频率响应与实际系统的频率响应匹配得最好[122]。且CIFER辨识软件包是一款开发较成熟的工具，具有辨识精度高、操作简便等优点，比较适合四旋翼无人机的参数辨识。

本章针对四旋翼无人机的特性，首先对其结构和飞行原理进行分析，分别建立十字与 X 字型四旋翼无人机数学模型，并提炼出关键参数，然后利用 CIFER 频域算法对关键参数进行辨识，验证辨识方法的有效性。

# 2.1　四旋翼无人机动力学建模

建立四旋翼无人机动力学模型是分析飞行器运动特性和研究飞行控制的前提。本节在四旋翼无人机建模过程中涉及的常用坐标系基础上，阐述了四旋翼无人机的基本结构和飞行原理，并进行了受力分析，推导出四旋翼无人机的动力学模型，最后给出了飞行控制系统的设计方案。

## 2.1.1　参考坐标系

描述四旋翼无人机的运动姿态与位置，首先要确定参考坐标系。确定一个四旋翼无人机在空间中的位置和姿态，需要参考大地坐标系和飞行器本身的机体坐标系，并明确这两种坐标系之间的变换关系。

1. 地面坐标系

为描述四旋翼无人机在空间中所处位置，建立地面坐标系。以飞行器在地面上起飞时的质心位置为原点 $O_g$，$x_g$ 轴在水平面内指向任一方向；$z_g$ 轴铅直向下指向地心；$y_g$ 轴与 $O_g x_g z_g$ 平面垂直，遵循右手定则，指向正东。

2. 机体坐标系

机体坐标系固定于四旋翼无人机机体，其原点 $O_b$ 与四旋翼的质心重合，$x_b$ 轴位于机体质心平面，指向前飞方向；$z_b$ 轴与机体质心平面垂直，指向下方；$y_b$ 轴与机体的 $O_b x_b z_b$ 平面垂直，同样按照右手定则指向机体右侧。

3. 两种坐标系的相互关系

确定地面坐标系和机体坐标系后，计算两者的夹角即可获得四旋翼的姿态角。图 2-1 展示了地面坐标系与机体坐标系的空间位置关系，以欧拉角为例，四旋翼的姿态角包括俯仰角 $\theta$、滚转角 $\phi$ 和偏航角 $\psi$。

## 2.1.2　姿态的描述与定义

四旋翼无人机的姿态角是机体坐标系相对地面坐标系姿态的描述。当

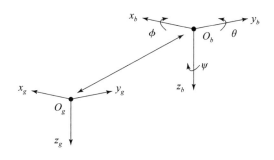

**图 2 - 1　四旋翼无人机的姿态角**

前，主要的姿态描述方法有三种：方向余弦矩阵、四元数和欧拉角。这三种方法彼此能相互转化，在运用上各有利弊，选用不同的方法会直接影响后续的特性分析和控制设计环节。因此，在选择姿态描述方法时，要结合四旋翼飞行器的运动特性和控制要求选取合适的方法。以下是这三种方法的说明。

**1. 方向余弦矩阵**

假设 $i_b$，$j_b$，$k_b$ 为坐标系 $S_b - O_b x_b y_b z_b$ 下的单位向量，$i_g$，$j_g$，$k_g$ 为坐标系 $S_g - O_g x_g y_g z_g$ 下的单位向量，则 $i_b$，$j_b$，$k_b$ 转换到 $S_g - O_g x_g y_g z_g$ 坐标系内可表示为

$$\begin{cases} i_b = (i_b \cdot i_g)i_g + (i_b \cdot j_g)j_g + (i_b \cdot k_g)k_g \\ j_b = (j_b \cdot i_g)i_g + (j_b \cdot j_g)j_g + (j_b \cdot k_g)k_g \\ k_b = (k_b \cdot i_g)i_g + (k_b \cdot j_g)j_g + (k_b \cdot k_g)k_g \end{cases} \tag{2-1}$$

将上式改写为矩阵的形式，如下：

$$\begin{bmatrix} i_b \\ j_b \\ k_b \end{bmatrix} = \begin{bmatrix} i_b \cdot i_g & i_b \cdot j_g & i_b \cdot k_g \\ j_b \cdot i_g & j_b \cdot j_g & j_b \cdot k_g \\ k_b \cdot i_g & k_b \cdot j_g & k_b \cdot k_g \end{bmatrix} \begin{bmatrix} i_g \\ j_g \\ k_g \end{bmatrix} = C \begin{bmatrix} i_g \\ j_g \\ k_g \end{bmatrix} \tag{2-2}$$

式中，

$$C = \begin{bmatrix} i_b \cdot i_g & i_b \cdot j_g & i_b \cdot k_g \\ j_b \cdot i_g & j_b \cdot j_g & j_b \cdot k_g \\ k_b \cdot i_g & k_b \cdot j_g & k_b \cdot k_g \end{bmatrix} = \begin{bmatrix} \cos\alpha_1 & \cos\alpha_2 & \cos\alpha_3 \\ \cos\beta_1 & \cos\beta_2 & \cos\beta_3 \\ \cos\gamma_1 & \cos\gamma_2 & \cos\gamma_3 \end{bmatrix} \tag{2-3}$$

该矩阵被称为方向余弦矩阵。

通过上面的变换可知，方向余弦矩阵是由两组不同标准正交的基底向

量的方向余弦组成的，因而该矩阵为正交矩阵，具有正交矩阵的性质，即

$$C^\mathrm{T}C = I \tag{2-4}$$

利用矩阵乘法展开可得

$$\sum_{i=1}^{3} C_{ji}C_{ki} = \begin{cases} 1, j = k \\ 0, j \neq k \end{cases} \tag{2-5}$$

式中，$C_{jk}$ 表示方向余弦矩阵中的所有元素。

因此，向量在不同坐标系下的转换可通过乘以坐标系之间的方向余弦矩阵或方向余弦矩阵逆的方式来实现。基于方向余弦矩阵的姿态描述方法可避免奇异角出现，但在变换运算的过程中需要处理大量的三角函数，增加了系统运算负荷，不利于实时解算姿态。

2. 四元数

四元数是由实数和虚数组成的超复数。一个标准的四元数表示为

$$q = q_0 + q_1 i + q_2 j + q_3 k = \begin{bmatrix} q_0 & q_1 & q_2 & q_3 \end{bmatrix}^\mathrm{T} \tag{2-6}$$

式中，$i$，$j$，$k$ 是虚数，满足 $i^2 = j^2 = k^2 = -1$；$q_0$，$q_1$，$q_2$，$q_3$ 为实数。

式（2-6）中，$q_0$，$q_1$，$q_2$，$q_3$ 满足以下约束：

$$\sum_{i=0}^{3} q_i^2 = 1 \tag{2-7}$$

设四元数 $q$ 的共轭由下式表达：

$$q^* = q_0 - q_1 i - q_2 j - q_3 k = \begin{bmatrix} q_0 & -q_1 & -q_2 & -q_3 \end{bmatrix}^\mathrm{T} \tag{2-8}$$

则四元数 $p = p_0 + p_1 i + p_2 j + p_3 k$ 与四元数 $q = q_0 + q_1 i + q_2 j + q_3 k$ 的乘法表达如下：

$$p \otimes q = \begin{bmatrix} p_0 & -p_1 & -p_2 & -p_3 \\ p_1 & p_0 & -p_3 & -p_2 \\ p_2 & p_3 & p_0 & -p_1 \\ p_3 & -p_2 & p_1 & p_0 \end{bmatrix} \begin{bmatrix} q_0 \\ q_1 \\ q_2 \\ q_3 \end{bmatrix} = \begin{bmatrix} q_0 & -q_1 & -q_2 & -q_3 \\ q_1 & q_0 & q_3 & -q_2 \\ q_2 & -q_3 & q_0 & q_1 \\ q_3 & q_2 & -q_1 & q_0 \end{bmatrix} \begin{bmatrix} p_0 \\ p_1 \\ p_2 \\ p_3 \end{bmatrix} \tag{2-9}$$

式中，"$\otimes$" 为四元数乘法符号。

由式（2-9）可知，四元数与其共轭的乘积为

$$q^* \otimes q = \sum_{i=0}^{3} q_i^2 = 1 \tag{2-10}$$

四元数描述了一个旋转角度和一个旋转轴。假设与旋转轴同方向的单位向量为 $e = (e_x, e_y, e_z)$，刚体绕轴旋转的角度为 $\delta$，以四元数的形式可表

示为

$$q' = w + xi + yj + zk \qquad (2-11)$$

式中，

$$\begin{cases} w = \cos(\delta/2) \\ x = e_x \sin(\delta/2) \\ y = e_y \sin(\delta/2) \\ z = e_z \sin(\delta/2) \end{cases} \qquad (2-12)$$

在以上四元数定义和运算的基础上，假设从机体到地面的坐标旋转变换可由四元数 $q_b^g$ 来描述，定义 $\boldsymbol{V}_b = (v_x^b,\ v_y^b,\ v_z^b)$ 为机体坐标系下的某一向量，则四元数形式的坐标变换可表示为

$$\boldsymbol{V}_e = \boldsymbol{q}_b^g \otimes \boldsymbol{V}_b \otimes \boldsymbol{q}_b^{g*} = \boldsymbol{C}(q)\boldsymbol{V}_b \qquad (2-13)$$

式中，$\boldsymbol{C}(q)$ 为机体坐标系到地面坐标系的变换矩阵，由四元数乘法可得

$$\boldsymbol{C}(q) = \begin{bmatrix} q_0^2 + q_1^2 - q_2^2 - q_3^2 & 2(q_0q_3 - q_1q_2) & 2(q_1q_3 + q_0q_2) \\ 2(q_0q_3 + q_1q_2) & q_0^2 - q_1^2 + q_2^2 - q_3^2 & 2(q_2q_3 - q_0q_1) \\ 2(q_1q_3 - q_0q_2) & 2(q_2q_3 + q_0q_1) & q_0^2 - q_1^2 - q_2^2 + q_3^2 \end{bmatrix} \qquad (2-14)$$

基于四元数的姿态描述方法的缺陷在于概念相对抽象，物理含义不清晰，并且四元数经多次运算后会积累误差，对实际运用造成一定的困难；其优势在于，相比方向余弦矩阵方法具有更快的姿态解算速度，不存在奇异角的现象。

3. 欧拉角

为准确描述四旋翼无人机的姿态，需要得到机体坐标系和地面坐标系围绕 $x - y - z$ 三轴旋转变换的关系，即滚转角 $\phi$、俯仰角 $\theta$ 以及偏航角 $\psi$，三者合称为欧拉角。下面对这三个旋转角分别进行介绍。

滚转角 $\phi$（Roll angle）为无人机绕机体纵轴旋转过的角度，如图 2 - 2 所示，机体坐标系的 $Ox_b$ 轴与地面坐标系的 $Ox_g$ 重合，$Oy_b$ 与 $Oy_g$ 的夹角即滚转角，沿无人机尾部向前看，若 $Oy_b$ 的正半轴在水平面的投影位于铅垂平面右侧，则滚转角为正，反之为负。

滚转角的旋转矩阵如下：

$$\boldsymbol{R}_x(\phi) = \begin{bmatrix} 1 & 0 & 0 \\ 0 & \cos\phi & \sin\phi \\ 0 & -\sin\phi & \cos\phi \end{bmatrix} \qquad (2-15)$$

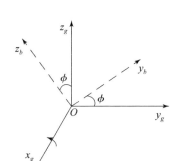

图 2 - 2　滚转角

俯仰角 $\theta$（Pitch angle）为机体坐标系 $Ox_b$ 与水平面之间的夹角，如图 2 - 3 所示。若 $Ox_b$ 的正半轴在过原点 $O$ 的水平面上方，则俯仰角为正，反之为负。

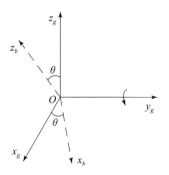

图 2 - 3　俯仰角

俯仰角的旋转矩阵为

$$\boldsymbol{R}_y(\theta) = \begin{bmatrix} \cos\theta & 0 & -\sin\theta \\ 0 & 1 & 0 \\ \sin\theta & 0 & \cos\theta \end{bmatrix} \tag{2-16}$$

偏航角 $\psi$（Yaw angle）为机体坐标系的 $OX_b$ 轴在水平面上的投影与地面坐标系 $Ox_g$ 的夹角，如图 2 - 4 所示。在地面坐标系内定义，$Ox_g$ 逆时针旋转至与 $Ox_b$ 的投影重合，则此时偏航角为正，反之为负。

偏航角的旋转矩阵为

$$\boldsymbol{R}_z(\psi) = \begin{bmatrix} \cos\psi & \sin\psi & 0 \\ -\sin\psi & \cos\psi & 0 \\ 0 & 0 & 1 \end{bmatrix} \tag{2-17}$$

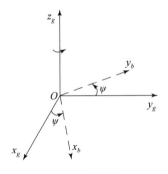

图 2 - 4　偏航角

在得到三轴的变换矩阵后，可知由 $B$ 系到 $G$ 系的旋转矩阵为

$$\boldsymbol{R} = \left[ \boldsymbol{R}_x(\phi)\boldsymbol{R}_y(\theta)\boldsymbol{R}_z(\psi) \right]^{-1}$$

$$= \begin{bmatrix} \cos\theta\cos\psi & \sin\phi\sin\theta\cos\psi - \cos\phi\sin\psi & \cos\phi\sin\theta\cos\psi + \sin\phi\sin\psi \\ \cos\theta\sin\psi & \sin\phi\sin\theta\sin\psi + \cos\phi\cos\psi & \cos\phi\sin\theta\sin\psi - \sin\phi\cos\psi \\ -\sin\theta & \sin\phi\cos\theta & \cos\phi\cos\theta \end{bmatrix}$$

$$(2-18)$$

为便于后续使用，上式可化简为式（2-19）的形式：

$$\boldsymbol{R} = \begin{bmatrix} C_{11} & C_{12} & C_{13} \\ C_{21} & C_{22} & C_{23} \\ C_{31} & C_{32} & C_{33} \end{bmatrix} \qquad (2-19)$$

根据以上对三种姿态描述方法的分析可知，欧拉角法的物理含义最为清晰，便于后续开展飞行控制系统的分析与设计工作。本书着重考虑系统平稳控制姿态的能力以及快速响应的控制能力，虽然奇异现象是欧拉角法在解算飞行器姿态时遇到的主要问题[53]，但在避障飞行过程中不涉及大角度机动，因而综合考虑以上三种姿态描述方法后，后续均选择使用欧拉角法描述飞行器的姿态。

## 2.1.3　四旋翼无人机的结构及工作原理

四旋翼无人机整机外观如图 2-5 所示，其外部机架结构呈十字形交叉分布，四个电动机和螺旋桨分别位于机架的四个顶端，螺旋桨与电动机一一对应，受飞行控制模块统一控制，所有机电设备均由动力模块的锂电池提供电源。

**图 2-5　四旋翼无人机整机外观**

　　四旋翼无人机常见的结构有十字型和 X 型，两种结构的无人机工作原理一致，如图 2-6 所示。相比之下，十字型四旋翼的模型分析和运动控制更为简单；X 型四旋翼的横向尺寸较小，能适应更小的工作区域，当无人机进行机动时，四个电动机协同改变转速，因而 X 型四旋翼具有更好的灵活性。

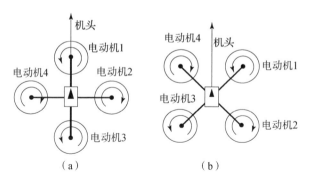

**图 2-6　两种常见的四旋翼无人机结构布局**

（a）十字型四旋翼；（b）X 型四旋翼

　　现以 X 型四旋翼无人机为例进行说明。其中电动机 1、3 带动螺旋桨沿逆时针方向旋转，电动机 2、4 带动螺旋桨沿顺时针方向旋转，以此来产生相应的升力，平衡旋翼旋转时产生的反扭力矩。飞行控制系统通过调节四个电动机的转速，即可控制四旋翼无人机完成升降、俯仰、横滚和偏航运动。如图 2-7 所示，四旋翼无人机的具体工作原理如下。

　　（1）升降运动。

　　在进行升降运动时，四旋翼无人机的四个电动机保持相同的转速。当所有旋翼所产生的拉力与无人机重力相同时，四旋翼无人机可在空中保持

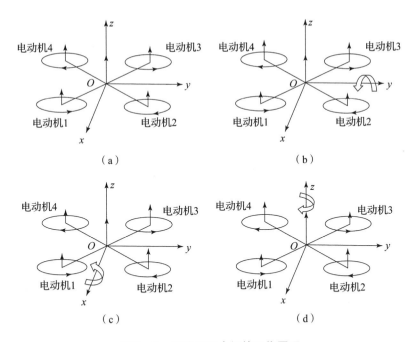

**图 2-7 四旋翼无人机的工作原理**

（a）升降运动；（b）俯仰运动；（c）横滚运动；（d）偏航运动

悬停状态。在悬停状态下，同时等量地增大四个电动机的转速，可实现垂直上升运动；反之，在悬停状态下，同时等量地减小所有电动机的转速，即可控制四旋翼无人机进行垂直下降运动。

（2）俯仰运动。

当四旋翼无人机处于悬停状态下，控制电动机 1、2 的转速同时等量地减小，增加电动机 3、4 的转速，此时机身受合力作用向前倾斜，四旋翼无人机做低头运动；反之，在悬停状态下，控制电动机 3、4 的转速同时等量地减小，增加电动机 1、2 的转速，机身在合力作用下进行后仰，此时四旋翼无人机做抬头运动。

（3）横滚运动。

在悬停状态下，控制电动机 1、4 的转速同时等量地减小，增大电动机 2、3 的转速，在合力作用下机身向右倾斜，即完成右横滚运动；同样在悬停状态下，控制电动机 2、3 的转速同时等量地减小，增加电动机 1、4 的转速，在合力作用下机身向左倾斜，此时可实现四旋翼无人机的左横滚运动。

（4）偏航运动。

四旋翼无人机能够完成偏航运动是因为四个旋翼产生的反扭力矩不等于零。在悬停状态下，同时等量地增大电动机 2、4 的转速，减小电动机 1、3 的转速，即可控制四旋翼无人机完成左偏航运动；反之，同时等量地增大电动机 1、3 的转速，减小电动机 2、4 的转速，即可控制四旋翼无人机完成右偏航运动。

## 2.1.4　四旋翼无人机动力学模型

无人机的数学模型用于描述作用在机体上的力和力矩与无人机在空中运动状态，如位置、速度、姿态等的关系。由于四旋翼无人机本身是一个复杂的运动学与动力学系统，为了建立一个复杂度、准确度适中的数学模型，需进行如下假设。

（1）在地面坐标系内，重力加速度恒定，忽略地球表面曲率的变化以及地球自转产生的影响。

（2）在四旋翼无人机飞行过程中，将无人机视作刚体，忽略振动和弹性形变的影响。

（3）四旋翼无人机内部质量分布均匀，重心与机体结构中心重合，飞行器的质量和转动惯量恒定。

（4）忽略近地空间的地效力和空气阻力的影响。

在以上假设的情况下，无人机的运动为空间上的六自由度运动，包括三自由度的线运动和三自由度绕质心的角运动。根据牛顿第二定律，无人机的动力学方程为

$$F = m \frac{\mathrm{d}V}{\mathrm{d}t} \tag{2-20}$$

$$M = \frac{\mathrm{d}H}{\mathrm{d}t} \tag{2-21}$$

式中，$F$ 为地面坐标系下作用在四旋翼无人机上的合外力；$m$ 为无人机的质量；$V$ 为无人机重心相对地面坐标系的速度矢量；$M$ 为作用在无人机上的合外力矩；$H$ 为无人机相对地面坐标系的绝对动量矩。

1. 线性运动模型

在机体坐标系中，机体所受升力是垂直于机体平面向上的，可表示为 $F_B = \begin{bmatrix} 0 & 0 & F_t \end{bmatrix}^T$，其中 $F_t$ 是四个电动机的升力之和。根据机体坐标系与

地面坐标系的转换关系，可以得到在地面坐标下四个旋翼产生的总升力 $\boldsymbol{F}_g$ 为

$$\boldsymbol{F}_g = \begin{bmatrix} F_x \\ F_y \\ F_z \end{bmatrix} = \boldsymbol{R}_b^e \boldsymbol{F}_B = \begin{bmatrix} \cos\psi\sin\theta\cos\phi + \sin\psi\sin\phi \\ \sin\psi\sin\theta\cos\phi - \sin\phi\cos\psi \\ \cos\theta\cos\phi \end{bmatrix} F_t \qquad (2-22)$$

式中，$F_t = k_t \sum_{i=1}^{4} w_i^2$。

将式（2-22）代入式（2-20）得

$$\begin{cases} \ddot{x} = \left[ (\cos\psi\sin\theta\cos\phi + \sin\psi\sin\phi)\boldsymbol{F}_t \right]/m \\ \ddot{y} = \left[ (\sin\psi\sin\theta\cos\phi - \sin\phi\cos\psi)\boldsymbol{F}_t \right]/m \\ \ddot{z} = \left[ (\cos\theta\cos\phi)\boldsymbol{F}_t \right]/m - g \end{cases} \qquad (2-23)$$

式中，$(x, y, z)$ 为无人机在地面坐标系下的质心位置；$g$ 为重力加速度。

2. 角运动模型

欧拉角角速度 $(\dot{\phi}, \dot{\theta}, \dot{\psi})$ 和机体角速度 $(p, q, r)$ 之间的关系为

$$\begin{bmatrix} p \\ q \\ r \end{bmatrix} = \begin{bmatrix} 1 & 0 & -\sin\theta \\ 0 & \cos\phi & \sin\phi\cos\theta \\ 0 & -\sin\phi & \cos\phi\cos\theta \end{bmatrix} \begin{bmatrix} \dot{\theta} \\ \dot{\phi} \\ \dot{\psi} \end{bmatrix} \qquad (2-24)$$

由式（2-24）可得

$$\begin{bmatrix} \dot{\theta} \\ \dot{\phi} \\ \dot{\psi} \end{bmatrix} = \begin{bmatrix} 1 & 0 & -\sin\theta \\ 0 & \cos\phi & \sin\phi\cos\theta \\ 0 & -\sin\phi & \cos\phi\cos\theta \end{bmatrix}^{-1} \begin{bmatrix} p \\ q \\ r \end{bmatrix}$$

$$= \frac{1}{\cos\theta} \begin{bmatrix} \cos\theta & \sin\theta\sin\phi & \sin\theta\cos\phi \\ 0 & \cos\theta\cos\phi & -\cos\theta\sin\phi \\ 0 & \sin\phi & \cos\phi \end{bmatrix} \begin{bmatrix} p \\ q \\ r \end{bmatrix} \qquad (2-25)$$

由式（2-25）可知，当 $\theta = 90°$ 时 $\psi$、$\phi$ 无法确定唯一数值，从而导致欧拉角奇异问题。因此在采用欧拉角形式描述四旋翼模型时，对无人机的姿态角度有一定限制。

在角度变化较小的情况下，$\sin\phi \approx \sin\theta \approx 0$，$\cos\phi \approx \cos\theta \approx 1$，有 $(\dot{\phi}, \dot{\theta}, \dot{\psi}) \approx (p, q, r)$。

上文已经假设四旋翼无人机质量均匀、结构对称，四旋翼无人机的质心与其中心位置重合。由于四旋翼无人机在 $Ox_bz_b$ 平面和 $Ox_by_b$ 平面内是对称的，因此，惯性积 $I_{xy}$、$I_{xz}$ 和 $I_{yz}$ 均为零，其惯性矩阵 $\boldsymbol{I}_b$ 为对角阵：

$$\boldsymbol{I}_b = \begin{bmatrix} I_{xx} & 0 & 0 \\ 0 & I_{yy} & 0 \\ 0 & 0 & I_{zz} \end{bmatrix} \qquad (2-26)$$

式中，$I_{xx}$、$I_{yy}$、$I_{zz}$ 分别为四旋翼无人机绕机体坐标系 $x_b$，$y_b$，$z_b$ 三个轴的转动惯量。

式（2-21）在机体坐标系下表示为

$$\boldsymbol{M} = I_b\dot{\boldsymbol{\Omega}} + \boldsymbol{\Omega} \times (I_b\boldsymbol{\Omega}) \qquad (2-27)$$

式中，$\boldsymbol{\Omega} = \begin{bmatrix} p & q & r \end{bmatrix}^{\mathrm{T}}$ 为四旋翼无人机在机体坐标系下的滚转、俯仰和偏航角速度向量。

其中

$$\boldsymbol{\Omega} \times (I_b\boldsymbol{\Omega}) = \begin{bmatrix} qr(I_{zz} - I_{yy}) \\ pr(I_{xx} - I_{zz}) \\ pq(I_{yy} - I_{xx}) \end{bmatrix} \qquad (2-28)$$

记 $M_x$，$M_y$，$M_z$ 为合力矩 $\boldsymbol{M}$ 在机体坐标系下沿 $x$，$y$，$z$ 三轴的分量，将式（2-28）代入式（2-27）可得

$$\begin{bmatrix} M_x \\ M_y \\ M_z \end{bmatrix} = \begin{bmatrix} \dot{p}I_{xx} + qr(I_{zz} - I_{yy}) \\ \dot{q}I_{yy} + pr(I_{xx} - I_{zz}) \\ \dot{r}I_{zz} + pq(I_{yy} - I_{xx}) \end{bmatrix} \qquad (2-29)$$

经分析可知，四旋翼无人机所受外力矩 $\boldsymbol{M}$ 主要来源为旋翼旋转所产生的升力力矩和空气阻力力矩，即

$$\boldsymbol{M} = \boldsymbol{\tau}_f - \boldsymbol{\tau}_d \qquad (2-30)$$

式中，$\boldsymbol{\tau}_f$ 为旋翼旋转所产生的升力力矩，且 $\boldsymbol{\tau}_f = \mathrm{diag}(\tau_x, \tau_y, \tau_z)$，$\tau_x$，$\tau_y$，$\tau_z$ 为 $\boldsymbol{\tau}_f$ 在机体坐标系下沿 $x$，$y$，$z$ 三轴的分量；$\boldsymbol{\tau}_d$ 为空气阻力力矩，可表示为 $\boldsymbol{\tau}_d = \boldsymbol{K}_{af}\boldsymbol{\Omega}$，其中，$\boldsymbol{K}_{af}$ 为空气阻力系数，且 $\boldsymbol{K}_{af} = \mathrm{diag}(K_{afx}, K_{afy}, K_{afz})$，$K_{afx}$，$K_{afy}$，$K_{afz}$ 为 $\boldsymbol{K}_{af}$ 在机体坐标系下沿 $x$，$y$，$z$ 三轴的分量。

由以上分析并结合式（2-29）、式（2-30）可得

$$
\begin{bmatrix} \dot{p} \\ \dot{q} \\ \dot{r} \end{bmatrix} = \begin{bmatrix} [M_x + (I_{yy} - I_{zz})qr]/I_{xx} \\ [M_y + (I_{zz} - I_{xx})pr]/I_{yy} \\ [M_z + (I_{xx} - I_{yy})pq]/I_{zz} \end{bmatrix} = \begin{bmatrix} [\tau_x - K_{afx}p + (I_{yy} - I_{zz})qr]/I_{xx} \\ [\tau_y - K_{afxy}q + (I_{zz} - I_{xx})pr]/I_{yy} \\ [\tau_z - K_{afxy}r + (I_{xx} - I_{yy})pq]/I_{zz} \end{bmatrix}
$$
$$(2-31)$$

由式（2 – 25）、式（2 – 31）可得

$$
\begin{bmatrix} \ddot{\phi} \\ \ddot{\theta} \\ \ddot{\psi} \end{bmatrix} = \frac{1}{\cos\theta} \begin{bmatrix} \cos\theta & \sin\theta\sin\phi & \sin\theta\cos\phi \\ 0 & \cos\theta\cos\phi & -\cos\theta\sin\phi \\ 0 & \sin\phi & \cos\phi \end{bmatrix} \begin{bmatrix} [\tau_x - K_{afx}p + (I_{yy} - I_{zz})qr]/I_{xx} \\ [\tau_y - K_{afy}q + (I_{zz} - I_{xx})pr]/I_{yy} \\ [\tau_z - K_{afz}r + (I_{xx} - I_{yy})pq]/I_{zz} \end{bmatrix}
$$
$$(2-32)$$

在角度变化较小的情况下，由于 $\sin\phi \approx \sin\theta \approx 0$，$\cos\phi \approx \cos\theta \approx 1$，因此有 $(\dot{\phi}, \dot{\theta}, \dot{\psi}) \approx (p, q, r)$；同时考虑到目前设定的四旋翼无人机飞行环境为室内或室外小风速情况，故将式（2 – 32）中的阻力系数 $K_{afx}$，$K_{afy}$，$K_{afz}$ 忽略，整理式（2 – 32）可得简化后的四旋翼无人机角运动模型：

$$
\begin{bmatrix} \ddot{\phi} \\ \ddot{\theta} \\ \ddot{\psi} \end{bmatrix} = \begin{bmatrix} [\tau_x + (I_{yy} - I_{zz})\dot{\theta}\dot{\psi}]/I_{xx} \\ [\tau_y + (I_{zz} - I_{xx})\dot{\phi}\dot{\psi}]/I_{yy} \\ [\tau_z + (I_{xx} - I_{yy})\dot{\theta}\dot{\phi}]/I_{zz} \end{bmatrix}
$$
$$(2-33)$$

设四旋翼无人机姿态角的控制输入量为 $\boldsymbol{\tau} = \begin{bmatrix} \tau_x & \tau_y & \tau_z \end{bmatrix}^T$，无人机的四个电动机编号 $M_i (i = 1, 2, 3, 4)$，如图 2 – 6 所示。十字型四旋旋翼产生的升力力矩 $\boldsymbol{\tau}$ 可表示为

$$
\begin{bmatrix} \tau_x \\ \tau_y \\ \tau_z \end{bmatrix} = \begin{bmatrix} LK_t(-\omega_2^2 + \omega_4^2) \\ LK_t(\omega_1^2 - \omega_3^2) \\ K_q(\omega_1^2 - \omega_2^2 + \omega_3^2 - \omega_4^2) \end{bmatrix}
$$
$$(2-34)$$

式中，$L$ 为四旋翼无人机臂长；$K_t$ 为升力系数；$K_q$ 为电动机的扭矩系数。

本书采用内环姿态和外环位置的结构设计四旋翼飞行控制系统，其中内环姿态控制器具有克服系统控制量高度耦合和易受扰动影响的功能；外环位置控制器注重工程性，便于实际应用。当控制器驱动四旋翼无人机沿期望航迹飞行时，系统需要解算姿态角信息和位置信息，将三个位移轴的期望值和偏航角的期望值输入四通道跟踪控制系统中。外环控制器从期望航迹和实际位置中捕获误差，输出高度控制量和期望姿态角信息给内环控制器；

内环控制器解算输入信息，得到控制量，控制无人机调整飞行姿态，驱动四旋翼无人机跟踪期望轨迹。四旋翼无人机控制系统结构如图2-8所示。

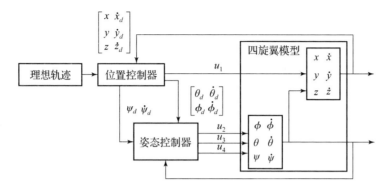

图2-8 四旋翼无人机控制系统结构

其中，$\boldsymbol{\rho}_d = \begin{bmatrix} x_d & y_d & z_d \end{bmatrix}^\mathrm{T}$ 为四旋翼无人机期望的航迹点位置，其位置误差可表示为

$$\boldsymbol{\rho}_e = \boldsymbol{\rho}_d - \boldsymbol{\rho} = \begin{bmatrix} x_d - x \\ y_d - y \\ z_d - z \end{bmatrix} \qquad (2-35)$$

外环控制系统采用经典的 PID 控制器，代入位置误差后控制器形式可表示为

$$\begin{cases} \ddot{x} = K_{\mathrm{P}x}(x_d - x) + K_{\mathrm{I}x}\int(x_d - x)\mathrm{d}t + K_{\mathrm{D}x}(\dot{x}_d - \dot{x}) \\ \ddot{y} = K_{\mathrm{P}y}(y_d - y) + K_{\mathrm{I}y}\int(y_d - y)\mathrm{d}t + K_{\mathrm{D}y}(\dot{y}_d - \dot{y}) \\ \ddot{z} = K_{\mathrm{P}z}(z_d - z) + K_{\mathrm{I}z}\int(z_d - z)\mathrm{d}t + K_{\mathrm{D}z}(\dot{z}_d - \dot{z}) \end{cases} \qquad (2-36)$$

下面推导内环姿态控制器的输入形式，首先定义虚拟控制量为

$$\boldsymbol{U}_v = \begin{bmatrix} \ddot{x} \\ \ddot{y} \\ \ddot{z} \end{bmatrix} \qquad (2-37)$$

将式（2-37）代入四旋翼无人机的牛顿力学方程，可得

$$\boldsymbol{U}_v m = \boldsymbol{G}_e + \boldsymbol{R}\boldsymbol{F}_t \qquad (2-38)$$

变换可得

$$R^{\mathrm{T}}\left(U_v - \frac{G_e}{m}\right) = \frac{F_t}{m} \tag{2-39}$$

最后，结合式（2-37），可推导出虚拟控制量满足的方程：

$$\begin{bmatrix} \cos\theta\cos\psi & \cos\theta\sin\psi & -\sin\theta \\ \sin\phi\sin\theta\cos\psi - \cos\phi\sin\psi & \sin\phi\sin\theta\sin\psi + \cos\phi\cos\psi & \sin\phi\cos\theta \\ \cos\phi\sin\theta\cos\psi + \sin\phi\sin\psi & \cos\phi\sin\theta\sin\psi - \sin\phi\cos\psi & \cos\phi\cos\theta \end{bmatrix} \begin{bmatrix} \ddot{x} \\ \ddot{y} \\ \ddot{z}+g \end{bmatrix} = \begin{bmatrix} 0 \\ 0 \\ F_t/m \end{bmatrix} \tag{2-40}$$

根据式（2-40）分别得到滚转角和俯仰角的表达式：

$$\begin{cases} \phi = \arcsin\left(\dfrac{\ddot{x}\sin\psi - \ddot{y}\cos\psi}{\sqrt{\ddot{x}^2 + \ddot{y}^2 + (\ddot{z}+g)^2}}\right) \\[4mm] \theta = \arctan\left(\dfrac{\ddot{x}\cos\psi + \ddot{y}\sin\psi}{\ddot{z}+g}\right) \end{cases} \tag{2-41}$$

式中，偏航角的虚拟控制量可由期望位置和实际位置求得

$$\psi_d = \arctan(y_d - y, x_d - x) \tag{2-42}$$

将期望偏航角代入式（2-41）可得

$$\begin{cases} \phi_d = \arcsin\left(\dfrac{\ddot{x}\sin\psi_d - \ddot{y}\cos\psi_d}{\sqrt{\ddot{x}^2 + \ddot{y}^2 + (\ddot{z}+g)^2}}\right) \\[4mm] \theta_d = \arctan\left(\dfrac{\ddot{x}\cos\psi_d + \ddot{y}\sin\psi_d}{\ddot{z}+g}\right) \end{cases} \tag{2-43}$$

## 2.2　基于 CIFER 的四旋翼无人机参数辨识方法

经上文分析可知，要建立四旋翼无人机数学模型，需要知道的参数有 $g$、$m$、$L$、$K_t$、$K_q$、$I_{xx}$、$I_{yy}$、$I_{zz}$。其中 $g$、$m$、$L$ 可以通过直接测量得到，而 $K_t$、$K_q$、$I_{xx}$、$I_{yy}$、$I_{zz}$ 无法直接获得，但其精度与四旋翼无人机飞行控制系统的设计密切相关，且对控制性能产生较大影响，因此需要对这些关键参数进行测量与辨识。

$I_{xx}$、$I_{yy}$、$I_{zz}$ 与机体结构以及质量分布有关，文献［123］采用仿真方法，利用 Solidworks 三维模型进行转动惯量计算，方法简单，但测量结果与实际值有一定差距；文献［124］采用扭摆法对 $I_{xx}$、$I_{yy}$、$I_{zz}$ 进行测量，设计了一种转动惯量测量系统，但测量过程较为烦琐；文献［125］采用双悬线法对小型无人机的转动惯量进行测量，无须提前测出质心位置，但测量过程中

计数工作均由人工完成，存在偶然误差较大等缺点。

未知参数 $K_t$、$K_q$ 与螺旋桨的形状、尺寸、安装方式以及空气密度等因素有关，可通过物理测量或参数辨识获得。文献［126］自制了基于 STM32 的升力系数测量装置，通过对多次测量数据进行拟合测出升力系数，测量结果精度较高，但该实验局限性较大，且测量装置搭建较困难，测量步骤复杂。

根据系统辨识的思想，本书采用 CIFER 辨识方法对 $I_{xx}$、$I_{yy}$、$I_{zz}$、$K_t$、$K_q$ 进行辨识，方法简单，且准确性较高。

## 2.2.1　CIFER 辨识技术

CIFER 是一款由美国军方与国家航空航天局旋翼机部门联合开发的频率响应综合辨识工具，其集成了基于频率响应系统辨识方法的实用程序。它是基于飞行数据且考虑各通道耦合的系统频域辨识方法，融入了各种先进的数据处理方法。其运行界面如图 2 - 9 所示。

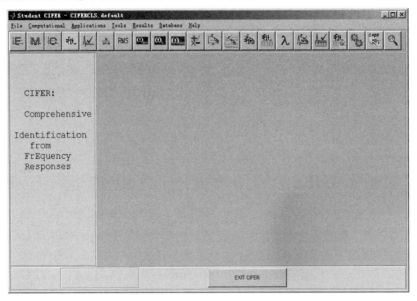

图 2 - 9　CIFER 软件运行界面

CIFER 软件的算法主要由 5 个核心模块组成，分别是频率响应辨识、多输入处理、组合窗处理、单通道传递函数辨识和状态空间方程辨识。图 2 - 10 所示为 CIFER 软件算法各组成部分之间的联系，各部分进行说明如下。

（1）频率响应辨识。把采集到的数据进行去漂移等预处理，再进行频域转换。

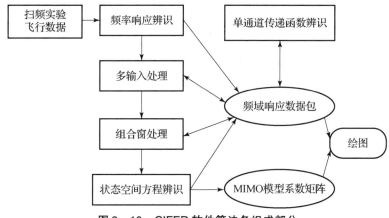

图 2 – 10　CIFER 软件算法各组成部分

（2）多输入处理。每个输出响应都是由多个输入共同作用产生，要得到准确的单通道模型就要在频率响应中去除次要输入的影响，突出主要输入作用。

（3）组合窗处理。数据处理过程中会用多个大小不同的窗对各组数据进行处理，该步骤会把多个窗的处理结果合成，求得各个频率点的最佳窗处理结果。

（4）单通道传递函数辨识。利用组合窗处理得到的结果进行单通道辨识，并得到相应的传递函数。

（5）状态空间方程辨识。状态空间方程辨识方法是传递函数模型辨识方法的直接推广，它采用了同样基于频率响应误差的代价函数。状态空间方程辨识的内容主要是建立一个状态空间模型，生成该模型的频率响应矩阵 $T$，使 $T$ 与第一步获得的基于飞行数据的频率响应矩阵 $\ddot{T}_c$ 得到最好的拟合。

## 2.2.2　CIFER 软件辨识流程

基于 CIFER 软件的辨识流程可归纳如下。

（1）对四旋翼无人机平台输入扫频信号，采集扫频数据并处理数据使其符合实际实验要求。计算输入/输出频率响应，主要是使用 Chip – Z 变换计算每个输入/输出对应的频率响应。

（2）频率响应是按成对的 SISO 系统计算的，还需要附加的步骤来归整，以消除多个相关输入的影响，因此要采用多输入辨识技术来规整频率响应和偏相干性。

（3）为得到最精确的辨识估计，需要将上述谱计算（SISO 和多输入规整）利用基于优化的复合分窗技术进行处理，得到一个单独的、具有优异品质和动态范围的 MIMO 复合频率响应估计矩阵。

（4）对上述处理过的数据进行单通道传递函数辨识，得到相应的传递函数。

（5）依据辨识准则得到辨识算法，根据已知参量建立系统的状态空间模型，对于未知参量使用估计初值，并将已知模型和估计模型的频率响应进行匹配。首先分析估计模型的稳定性，然后根据未知参数估计值的变化最终使频率响应的误差最小。最终得到系统状态空间方程和需要辨识的未知参数的值。

### 2.2.3　四旋翼无人机关键参数辨识

以实验室采购的四旋翼无人机半实物仿真平台为例进行参数辨识过程分析。该仿真平台是基于加拿大 Quanser 公司的三自由度四旋翼模型实验装置设计的。该装置主要由一个三自由度无人机模块、四个电源功放模块和一个数据采集卡组成，如图 2 – 11 所示。仿真平台四个旋翼呈十字形分布，前、后旋翼逆时针转动，左、右旋翼顺时针转动。在计算机中运行四旋翼无人机相关控制程序，得到的控制信号以电压的形式发送至四旋翼无人机平台。

图 2 – 11　四旋翼无人机半实物仿真平台

假设四旋翼无人机进行与基准运动差别很小的运动，于是可以将无人机的三个姿态角运动模型在平衡点处进行小角度线性化，并忽略通道间的耦合，得到三个姿态角的线性模型，提炼出待辨识参数后，采用 CIFER 软件进行模型参数辨识。由于四旋翼无人机结构的高度对称性，四个电动机在气动参数和其他性能方面的差异很小，可认为近似相等，所以在合理分析其中一个电动机之后就可以类推出其余电动机的性能参数。

1. 数据采集

实验采用 MATLAB/Simulink 向四旋翼无人机半实物仿真平台输入控制信号，并读取仿真平台三个轴上安装的光栅编码器采集得到的姿态信息。

在 Simulink 控制模型中，将扫频信号作为激励信号，一般选取扫频频率均匀地从 0.05 Hz 增长至 3 Hz，每次扫频时间选取为 60 s。由于设备固有采样频率为 500 Hz，因此每段数据记录长度为 30 000 个数据点。

控制矩阵可以控制四个电动机的输入电压，如做滚转通道扫频实验时，矩阵为 [0，0，1，1]，即只对左右电动机输入扫频信号，前后电动机电压为 0；俯仰通道的控制矩阵为 [1，1，0，0]，原理同上；偏航通道的控制矩阵为 [1，1，1，1]，实验时固定住滚转和俯仰轴，只允许其做偏航方向的运动。

数据采集时需要注意以下几点：

（1）实验目的在于采集到系统在扫频信号激励下的自由响应，因此是在开环条件下完成的，不需要加额外的控制机构。

（2）由于刚加激励信号时，仿真平台需要有短暂的响应时间，这段时间数据易产生偏差，故剔除最初的响应点，选取 29 950 个数据点。

（3）对每个通道做实验时，一般采集三组数据，长度共 180 s。

采集得到扫频数据后便可进行辨识实验。

2. 参数辨识

频域辨识一般适用于线性时不变系统，因此需要对建立的非线性模型在平衡点附近进行小角度线性化处理。依据系统输入量 $u$、状态量 $x$ 和输出量 $y$ 构建系统的状态空间方程，按照 CIFER 软件中默认的形式，应表示为

$$\begin{cases} M\dot{x} = Fx + Gu(t-\tau) \\ y = Hx + T\overline{x} \end{cases} \tag{2-44}$$

式中，$M$、$F$、$G$、$H$，$T$、$\tau$ 为需要在 CIFER 软件中求解的系数矩阵和系数。

当四旋翼无人机平台处于平衡点附近采集数据时，机体的姿态可近似地认为是悬停状态，此时陀螺力矩 $\tau_g$、空气阻力力矩 $\tau_d$ 的值相对较小，可以忽略不计。

3. 滚转通道模型建立

由式（2 - 33）、式（2 - 34）知滚转轴模型为

$$\ddot{\phi} = \frac{LK_t(\omega_4^2 - \omega_2^2) + (I_{yy} - I_{zz})qr}{I_{xx}} \quad (2 - 45)$$

对滚转通道进行建模，忽略通道之间的耦合，$qr(I_{yy} - I_{zz}) \approx 0$。
那么，式（2 - 45）可化简为

$$\ddot{\phi} = \frac{LK_t(\omega_4^2 - \omega_2^2)}{I_{xx}} \quad (2 - 46)$$

用状态空间的形式来表达，选取状态量 $\boldsymbol{x}^T = \begin{bmatrix} \phi & \dot{\phi} \end{bmatrix}$，那么 $\dot{\boldsymbol{x}}^T = \begin{bmatrix} \dot{\phi} & \ddot{\phi} \end{bmatrix}$，输出向量 $\boldsymbol{y} = \phi$，控制向量 $\boldsymbol{u} = \omega_4^2 - \omega_2^2$。则有

$$\begin{cases} \begin{bmatrix} 1 & 0 \\ 0 & 1 \end{bmatrix} \dot{\boldsymbol{x}} = \begin{bmatrix} 0 & 1 \\ 0 & 0 \end{bmatrix} \boldsymbol{x} + \begin{bmatrix} 0 \\ L\dfrac{K_t}{I_{xx}} \end{bmatrix} \boldsymbol{u} \\ \\ \boldsymbol{y} = \begin{bmatrix} 1 & 0 \end{bmatrix} \boldsymbol{x} \end{cases} \quad (2 - 47)$$

与式（2 - 44）CIFER 默认形式进行对比，可得参数矩阵分别为

$$\boldsymbol{M} = \begin{bmatrix} 1 & 0 \\ 0 & 1 \end{bmatrix}, \ \boldsymbol{F} = \begin{bmatrix} 0 & 1 \\ 0 & 0 \end{bmatrix}, \ \boldsymbol{G} = \begin{bmatrix} 0 \\ L\dfrac{K_t}{I_{xx}} \end{bmatrix}, \ \boldsymbol{H} = \begin{bmatrix} 1 & 0 \end{bmatrix}$$

式中，臂长 $L$ 可以直接测量得到（在本实验中，旋翼臂长 $L = 0.197$ m）；待辨识参数为 $\boldsymbol{G}$ 阵中的元素：$K_t$，$I_{xx}$。

系统的频率响应矩阵 $\boldsymbol{T}(s)$ 的拉氏变换形式为

$$\boldsymbol{Y}(s) = \boldsymbol{T}(s)\boldsymbol{U}(s) \quad (2 - 48)$$

式中，$\boldsymbol{U}(s)$、$\boldsymbol{Y}(s)$ 分别为输入、输出信号的拉氏变换。频率响应矩阵的估计矩阵可以表示为

$$\hat{\boldsymbol{T}}_c = \frac{\boldsymbol{G}_{xy}(f)}{\boldsymbol{G}_{xx}(f)} \quad (2 - 49)$$

式中，$\boldsymbol{G}_{xy}(f)$、$\boldsymbol{G}_{xx}(f)$ 分别为互功率谱函数和自功率谱函数。系统辨识的任务在于，使频率响应矩阵的估计矩阵 $\hat{\boldsymbol{T}}_c$ 能够最大限度地符合实际数据矩阵 $\boldsymbol{T}$。辨识采用的模型为输出误差模型，辨识准则为

$$J = \sum_{i=1}^{n_\omega} J_i = \sum_{i=1}^{n_\omega} \left\{ \frac{20}{n_\omega} \sum_{i=\omega_1}^{\omega_n} W_\gamma \left[ W_g (|\hat{\boldsymbol{T}}_c| - |\boldsymbol{T}|)^2 - W_p (\angle \hat{\boldsymbol{T}}_c - \angle \boldsymbol{T})^2 \right] \right\}$$

$$(2 - 50)$$

式中，设计函数 $W_\gamma = 1.58(1 - e^{-\gamma^2})$；$n_\omega$ 表示频点数量；$\omega_1$ 和 $\omega_n$ 表示合适的起始和截止频率；$W_\gamma$ 是与相干函数有关的权函数，其中 $\gamma^2$ 表示每个频点处的相干值；$W_g$ 和 $W_p$ 是与幅值和相位的方差相关的权函数；$\hat{T}_c$ 是频率响应矩阵的估计矩阵。

将 $\boldsymbol{G}$ 阵中的待辨识参数 $I_{xx}$ 和 $K_t$ 放到一个辨识矢量 $\boldsymbol{\alpha} = [I_{xx}, K_t]$ 中，基于先验估计得到参数的初始值，迭代过程不断改变辨识矢量 $\boldsymbol{\alpha}$ 值，直到代价函数 $J$ 的值达到最小。

经过 CIFER 软件的频域辨识过程得到模型矩阵 $\boldsymbol{M}$，$\boldsymbol{F}$，$\boldsymbol{G}$，从而得到关键参数的辨识结果：$\hat{I}_{xx} = 0.049\,2$，$\hat{K}_t = 0.117\,0$。对比半实物四旋翼无人机物理仿真平台用户手册给出的值 $I_{xx} = 0.055\,2$，$\hat{K}_t = 0.118\,8$ 可知，该辨识结果存在较小的误差，转动惯量 $\hat{I}_{xx}$ 的误差为 $\pm10\%$，旋翼升力系数 $\hat{K}_t$ 误差为 $\pm1.5\%$。

代入辨识值，可以得到滚转通道的线性状态空间模型为

$$\begin{cases} \dot{\boldsymbol{x}} = \begin{bmatrix} 0 & 1 \\ 0 & 0 \end{bmatrix} \begin{bmatrix} \phi \\ \dot{\phi} \end{bmatrix} + \begin{bmatrix} 0 \\ 0.468 \end{bmatrix} \boldsymbol{u} \\ \boldsymbol{y} = \begin{bmatrix} 1 & 0 \end{bmatrix} \boldsymbol{x} \end{cases} \tag{2-51}$$

滚转通道仿真平台采集数据与传递函数辨识模型频率特性曲线对比如图 2 - 12 所示。扫频实验采集到的数据经 Chip - Z 变换与组合窗处理后的频率响应自动生成并保存为 "quac_COM_ABC00" 数据文件，辨识得到的模型的频率响应数据为 "quac_DER_A0000" 文件。其中蓝线为仿真平台采集的数据产生的频率响应，红线为辨识得到模型的频率响应。

由图 2 - 12 可以看出，在 0 ~ 60 rad/s 的较宽频带内，辨识结果较精确，参数精度值较高，辨识模型与实际数据的幅值和相位的拟合度较高。

4. 俯仰通道模型建立

由式（2 - 33）、式（2 - 34）知俯仰轴模型为

$$\ddot{\theta} = \frac{LK_t(\omega_1^2 - \omega_3^2) + (I_{zz} - I_{xx})pr}{I_{yy}} \tag{2-52}$$

与滚转通道模型建立过程类似，最终得到俯仰通道关键参数结果与误差如表 2 - 1 所示。

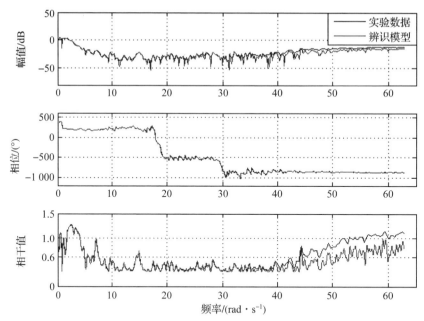

图 2 - 12　滚转通道仿真平台采集数据与传递函数

辨识模型频率特性曲线对比（书后附彩插）

表 2 - 1　俯仰通道关键参数结果与误差

| 参数 | 理论值 | 辨识值 | 误差 |
| --- | --- | --- | --- |
| $K_t$ | 0.118 8 | 0.119 2 | 0.30% |
| $I_{yy}$ | 0.055 2 | 0.057 0 | 3.28% |
| 代价函数 $J$ | — | 75.740 6 | — |

代入辨识值，可以得到俯仰通道的线性状态空间模型为

$$\begin{cases} \dot{\boldsymbol{x}} = \begin{bmatrix} 0 & 1 \\ 0 & 0 \end{bmatrix} \begin{bmatrix} \theta \\ \dot{\theta} \end{bmatrix} + \begin{bmatrix} 0 \\ 0.412 \end{bmatrix} \begin{bmatrix} \Omega_1^2 - \Omega_3^2 \end{bmatrix} \\ \boldsymbol{y} = \begin{bmatrix} 1 & 0 \end{bmatrix} \begin{bmatrix} \theta \\ \dot{\theta} \end{bmatrix} \end{cases} \tag{2-53}$$

图 2 - 13 所示为俯仰通道仿真平台采集数据与状态空间方程辨识模型频率特性曲线对比，其中蓝线为实验数据的频率响应，红线为辨识得到模型的频率响应。

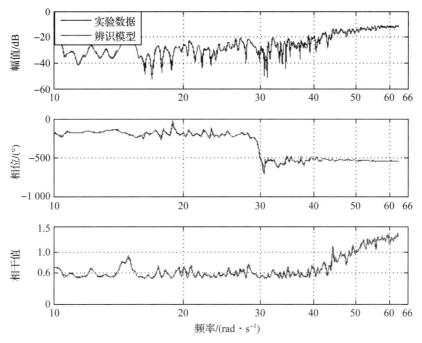

**图 2 - 13　俯仰通道仿真平台采集数据与状态空间
方程辨识模型频率特性曲线对比（书后附彩插）**

由表 2 - 1 及图 2 - 13 可以看出，在 0 ~ 60 rad/s 的较宽频带内，辨识结果较精确，参数精度值较高，辨识模型与实际数据的幅值和相位的拟合度较高。

**5. 偏航通道模型建立**

由式（2 - 33）、式（2 - 34）知偏航通道模型为

$$\ddot{\psi} = \frac{K_t(\omega_1^2 - \omega_2^2 + \omega_3^2 - \omega_4^2) + \dot{\phi}\dot{\theta}(I_{xx} - I_{yy})}{I_{zz}} \qquad (2-54)$$

由于研究对象为半实物无人机，在平衡点处进行小角度线性化，且对偏航通道进行建模，忽略通道之间的耦合，$\dot{\phi}\dot{\theta}(I_{xx} - I_{yy}) \approx 0$，式（2 - 54）可化简为

$$\ddot{\psi} = \frac{K_t(\omega_1^2 - \omega_2^2 + \omega_3^2 - \omega_4^2)}{I_{zz}} \qquad (2-55)$$

引入状态向量 $\boldsymbol{x}^{\mathrm{T}} = \begin{bmatrix} \psi & \dot{\psi} \end{bmatrix}$，那么 $\dot{\boldsymbol{x}}^{\mathrm{T}} = \begin{bmatrix} \dot{\psi} & \ddot{\psi} \end{bmatrix}$，输出向量 $\boldsymbol{y} = \psi$，控制向量 $\boldsymbol{u} = \omega_1^2 - \omega_2^2 + \omega_3^2 - \omega_4^2$，则有

$$\begin{cases} \dot{\boldsymbol{x}} = \begin{bmatrix} 0 & 1 \\ 0 & 0 \end{bmatrix} \boldsymbol{x} + \begin{bmatrix} 0 \\ \dfrac{K_t}{I_{zz}} \end{bmatrix} \boldsymbol{u} \\ \boldsymbol{y} = \begin{bmatrix} 1 & 0 \end{bmatrix} \boldsymbol{x} \end{cases} \qquad (2-56)$$

式中，参数矩阵分别为 $\boldsymbol{A} = \begin{bmatrix} 0 & 1 \\ 0 & 0 \end{bmatrix}$，$\boldsymbol{B} = \begin{bmatrix} 0 \\ \dfrac{K_t}{I_{zz}} \end{bmatrix}$，$\boldsymbol{C} = \begin{bmatrix} 1 & 0 \end{bmatrix}$。

待辨识参数为 $\boldsymbol{B}$ 阵中的元素：$K_t$、$I_{zz}$。

辨识出的参数结果与误差如表 2-2 所示。

表 2-2　偏航通道关键参数结果与误差

| 参数 | 理论值 | 辨识值 | 误差 |
|---|---|---|---|
| $K_t$ | 0.003 6 | 0.004 2 | 16.7% |
| $I_{zz}$ | 0.110 | 0.094 2 | 1.36% |
| 代价函数 $J$ | — | 51.500 0 | — |

代入辨识值，可以得到偏航通道的线性状态空间模型为

$$\begin{cases} \dot{\boldsymbol{x}} = \begin{bmatrix} 0 & 1 \\ 0 & 0 \end{bmatrix} \begin{bmatrix} \psi \\ \dot{\psi} \end{bmatrix} + \begin{bmatrix} 0 \\ 0.038\ 23 \end{bmatrix} \begin{bmatrix} \Omega_1^2 - \Omega_2^2 + \Omega_3^2 - \Omega_4^2 \end{bmatrix} \\ \boldsymbol{y} = \begin{bmatrix} 1 & 0 \end{bmatrix} \begin{bmatrix} \psi \\ \dot{\psi} \end{bmatrix} \end{cases} \qquad (2-57)$$

图 2-14 所示为偏航通道仿真平台采集数据与状态空间方程辨识模型频率特性曲线对比，其中蓝线为仿真平台采集的数据产生的频率响应，红线为辨识得到的模型的频率响应。

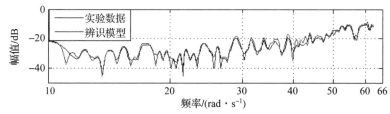

图 2-14　偏航通道仿真平台采集数据与状态空间方程<br>辨识模型频率特性曲线对比（书后附彩插）

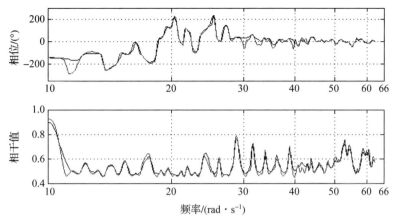

**图 2 - 14　偏航通道仿真平台采集数据与状态空间方程**
**辨识模型频率特性曲线对比（续）（书后附彩插）**

由表 2 - 2 及图 2 - 14 可以看出，辨识结果较精确，参数精度值较高，辨识模型与实际数据的幅值和相位的拟合度较高。但当相干值小于 0.6 时，模型频率响应品质稍差，辨识结果存在一定偏差。

## 2.3　本章小结

本章主要围绕辨识四旋翼无人机模型关键参数，得到较为准确的模型并展开研究。首先针对四旋翼无人机的复杂特性进行理论分析并建立了基于牛顿 - 欧拉公式的数学模型，提炼得到关键待辨识参数；然后利用 CIFER 频域算法对其进行辨识，得到了复杂程度适中、较为准确的系统模型；最后利用半实物仿真平台进行实验，将辨识结果与真实数据进行对比，结果表明，辨识得到的关键参数精度较高，且该方法简化了大量公式推算过程，降低了实验成本，具有较高的可操作性。

# 第3章 基于自抗扰技术的
# 无人机姿态控制方法

性能良好的控制系统是无人机完成飞行任务的基础和前提。控制系统涉及硬件配置和软件程序，在软件部分中，控制策略或控制方法起着重要作用，本章主要讨论控制方法。目前，应用于飞控系统的控制方法大体分为两类：一类是基于模型的控制方法；另一类是无模型控制方法。文献［127］采用LQR/LQG控制方法，对无人直升机建立了复杂数学模型，控制性能较好；文献［128］针对 BO-105 型直升机设计了特征结构配置算法，解耦性能好，但鲁棒性不足。上述控制方法都对模型精度要求很高，如不能建立准确的模型，则不能完全发挥其控制性能。文献［129］将模糊遗传算法应用于无人直升机的控制器设计中，使系统能够有效预测超调量；文献［130］采用动态逆控制方法，将复杂的直升机模型解耦，提升了控制性能。虽然这两种方法都不依赖精确模型，但普遍存在阶次高、运算复杂、鲁棒性不强等问题。

韩京清研究员提出的自抗扰控制（Active Disturbance Rejection Control，ADRC）继承了 PID 控制"基于误差，消除误差"的精髓，并吸收了现代控制理论的思想，通过扩张状态观测器对系统扰动进行实时估计，然后根据估计值对系统进行反馈与补偿。该方法不依赖于精确模型，可有效提高系统的鲁棒性，但存在可调参数众多而导致整定烦琐、理论分析困难等问题。高志强教授将非线性自抗扰控制线性化、参数带宽化，由于参数整定方便、理论分析简单等优点而受到极大的关注，更便于工程应用，目前已应用于无人机控制系统设计中。

本章的研究基于自抗扰控制的四旋翼无人机姿态控制方法。首先，介绍自抗扰控制器的构成与控制原理；其次，结合非线性耦合数学模型提出一种基于非线性自抗扰控制的姿态解耦控制方法；再次，利用线性自抗扰控制原理设计了基于线性自抗扰控制器的四旋翼无人机姿态控制方法；最后，针对自抗扰控制器参数整定方法，设计了基于改进粒子群算法参数整定的线性自抗扰控制器。

# 3.1　基于 NADRC 的四旋翼无人机姿态控制方法

## 3.1.1　ADRC 结构

考虑单入、单出非线性时变被控对象：

$$\begin{cases} x^{(n)} = f(x,\dot{x},\cdots,x^{(n-1)},w,t) + bu \\ y = x \end{cases} \tag{3-1}$$

式中，$x$，$\dot{x}$，$\cdots$，$x^{(n-1)}$ 分别表示对象的状态及其各阶微分；$w$ 为外界扰动；$f(x,\dot{x},\cdots,x^{(n-1)},w,t)$（简记为 $f(\cdot)$）表示系统动态 ［简记为 $f(\cdot)$］；$u$ 及 $y$ 分别为系统输入和输出；$b$ 为控制增益。工程实际中，系统动态模型和控制增益往往很难精确建立和确定，存在各种不确定性；也正因为如此，基于模型的控制理论和方法在工程实践中遇到很大的困难和挑战。

自抗扰控制的优势在于，即使系统动态模型并不清楚，控制增益存在很大的不确定性，依然能够获得良好的控制性能。自抗扰控制器的基本结构如图 3-1 中虚框所示，包括三部分：跟踪微分器（Tracking Differentiator, TD）、扩张状态观测器（Extended State Observer, ESO）和非线性状态误差反馈控制律（Nonlinear State Error Feedback Law, NLSEF）。下面分别介绍三个部分的组成及其原理。

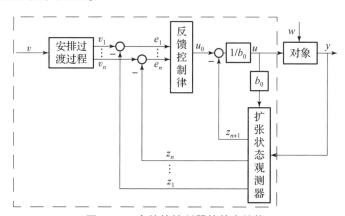

图 3-1　自抗扰控制器的基本结构

图 3-1 中 $b_0$ 可以是 $b$ 的一个近似估计常值，也可以根据控制需要加以调整，还可以在线自适应调整，$b_0$ 对系统稳定性以及控制性能的影响将在后面进一步阐述。

### 1. 跟踪微分器 (TD)

NLTD 最初是用来尽快地跟踪输入信号，同时给出近似的微分信号。目前，NLTD 经常被用来安排过渡过程，其目的为降低初始误差、降低初始阶段对系统的冲击，从而有效地解决超调与快速性之间的矛盾。这里主要介绍 TD 的形式。

连续非线性跟踪微分器的一般形式为[131]

$$
\begin{cases}
\dot{v}_1 = v_2 \\
\dot{v}_2 = v_3 \\
\vdots \\
\dot{v}_{n-1} = v_n \\
\dot{v}_n = r^n f\left(v_1 - v, \dfrac{v_2}{r}, \cdots, \dfrac{v_n}{r^{n-1}}\right)
\end{cases}
\tag{3-2}
$$

式中，$v$ 为 NLTD 的输入信号；$v_i(i=1, 2, \cdots, n)$ 为 NLTD 的输出信号，其中，$v_1$ 跟踪输入信号 $v$，$v_i(i=2, 3, \cdots, n)$ 为 $v_1$ 的 $i-1$ 阶微分，可近似当作 $v$ 的 $i-1$ 阶微分；$r$ 越大，$v_1$ 跟踪输入信号 $v$ 越快，因此被称为速度因子。

连续非线性跟踪微分器的具体形式可以参见文献 [131，132]。进行数值计算时需要将连续形式进行离散化，这可能会带来一些问题，如高频颤振。下面给出常用的离散形式二阶最速非线性跟踪微分器，该微分器能够很好地避免高频颤振现象，其形式如下：

$$
\begin{cases}
v_1(k+1) = v_1(k) + h v_2(k) \\
v_2(k+1) = v_2(k) + h\text{fh}
\end{cases}
\tag{3-3}
$$

式中，$h$ 为采样周期；$\text{fh} = \text{fhan}(v_1 - v, v_2, r, h_0)$ 为最速控制综合函数，具体计算如下：

$$
\begin{cases}
d = r h_0, d_0 = h_0 d \\
y = v_1 - v + h_0 v_2, a_0 = \sqrt{d^2 + 8r|y|} \\
a = \begin{cases}
v_2 + \text{sgn}(y)\dfrac{(a_0 - d)}{2}, & |y| > d_0 \\
v_2 + \dfrac{y}{h_0}, & |y| \leqslant d_0
\end{cases} \\
\text{fhan} = -\begin{cases}
r\,\text{sgn}(a), & |a| > d \\
r\dfrac{a}{d}, & |a| \leqslant d
\end{cases}
\end{cases}
\tag{3-4}
$$

式中，$h_0$ 为独立于采样周期 $h$ 的新变量，取为适当大于步长 $h$ 的参数，可以消除速度曲线中的超调现象，从而很好地抑制微分信号中的噪声放大。

2. 扩张状态观测器（ESO）

假设 $x_1 = x$，$x_2 = \dot{x}$，$\cdots$，$x_n = x^{(n-1)}$，令 $x_{n+1} = f(\cdot) + (b - b_0)u$ 为系统的扩张状态变量，则相应地设计连续 ESO 的一般形式为[131]

$$\begin{cases} e = z_1 - y \\ \dot{z}_1 = z_2 - \beta_{01} \cdot \varphi_1(e) \\ \dot{z}_2 = z_3 - \beta_{02} \cdot \varphi_2(e) \\ \vdots \\ \dot{z}_n = z_{n+1} - \beta_{0n} \cdot \varphi_n(e) + b_0 \cdot u \\ \dot{z}_{n+1} = -\beta_{03} \cdot \varphi_{n+1}(e) \end{cases} \quad (3-5)$$

式中，$z_i(i = 1, 2, \cdots, n+1)$ 分别为状态 $x_i(i = 1, 2, \cdots, n)$ 及总扰动 $x_{n+1} = f(\cdot) + (b - b_0)u$ 的估计值；$\beta_{0i}(i = 1, 2, \cdots, n+1)$ 为可调增益；$\varphi_i(e)(i = 1, 2, \cdots, n+1)$ 为适当构造的函数。一定条件下，ESO 能够一定精度估计对象的各状态以及系统的总扰动，即

$$z_1 \to x_1, \cdots, z_n \to x_n, z_{n+1} \to x_{n+1} = f(\cdot) + (b - b_0)u \quad (3-6)$$

这里，假设系统动态模型完全未知，通过 ESO 在线实时估计"总扰动"——$f(\cdot) + (b - b_0)u$。实际中，当标称模型能够获得模型部分已知，也可以充分利用这些信息降低 ESO 的负担，以进一步提高其性能[131]。

对于 ESO 的具体设计，已有的大量观测器、滤波器设计技术都可以用于 ESO 的具体形式。韩京清研究员选取 $\varphi_i(e)(i = 1, 2, \cdots, n+1)$ 为特定的非线性函数，其形式如下：

$$\varphi_i(e) = \mathrm{fal}(e, \alpha_i, \delta) = \begin{cases} |e|^{\alpha_i} \mathrm{sgn}(e), & |e| > \delta \\ e/\delta^{1-\alpha_i}, & |e| \leq \delta \end{cases} \quad (3-7)$$

式中，$0 < \alpha_i < 1$，$0 < \delta$，均为可调参数；当 $\alpha_i = 1$ 时，$\varphi_i(e) = e$，即得到传统的 Luenberger 观测器，也称之为线性 ESO，是上述非线性 ESO 的一个特例。

$$\begin{cases} e = z_1 - y \\ \dot{z}_1 = z_2 - \beta_{01}e \\ \dot{z}_2 = z_3 - \beta_{02}e \\ \vdots \\ \dot{z}_n = z_{n+1} - \beta_{0n}e + b_0 \cdot u \\ \dot{z}_{n+1} = -\beta_{0n+1}e \end{cases} \qquad (3-8)$$

**3. 状态误差反馈控制律（NLSEF）**

ESO 实时得到总扰动的估计值，如果在控制律中予以补偿，则可实现主动抗扰的功能。因此，控制律取为

$$u = \frac{u_0 - z_{n+1}}{b_0} \qquad (3-9)$$

式中，$u_0$ 为某种形式的控制分量。

若忽略 $z_{n+1}$ 对未知总扰动 $f(\cdot) + (b - b_0)u$ 的估计误差，则对象式（3-1）可转换成"积分器串联型"，即

$$x^{(n)} = f(\cdot) + (b - b_0)u - z_{n+1} + u_0 \approx u_0 \qquad (3-10)$$

这样就把充满扰动、不确定性和非线性的被控对象统一转换成标准型——"积分器串联型"，使控制系统的设计从复杂到简单、从抽象到直观，具有广泛适用性。

控制分量 $u_0$ 有多种实现形式[131]，这里给出一种对任意阶被控对象通用的非线性反馈控制律，即

$$u_0 = \sum_{i=1}^{n} k_i \mathrm{fal}(e_i, \alpha_i', \delta') \qquad (3-11)$$

式中，$e_i = v_i - z_i$；$k_i$ 为增益系数；$\alpha_i'$，$\delta'$ 为待定常数，通常取 $0 < \alpha_1' < 1 < \alpha_i'$（$i = 2, 3, \cdots, n$），这样在接近稳态时微分作用将变小，有利于提高控制系统的性能。

当 $\alpha_i' = 1(i = 1, 2, \cdots, n)$ 时，该控制律成为线性控制律，如式（3-12）所示。线性控制律的好处是参数整定简单且控制作用相对平滑。

$$u_0 = \sum_{i=1}^{n} k_i \cdot e_i \qquad (3-12)$$

## 3.1.2　基于非线性自抗扰控制器的姿态解耦控制

根据第 2 章的论述，可知四旋翼无人机在 $E$ 系下的动力学模型为

$$\begin{cases} \ddot{x} = (\cos\phi\sin\theta\cos\psi + \sin\phi\sin\psi)F_t/m \\ \ddot{y} = (\cos\phi\sin\theta\sin\psi - \sin\phi\cos\psi)F_t/m \\ \ddot{z} = (\cos\phi\cos\theta)F_t/m - g \\ \ddot{\phi} = \dot{\theta}\dot{\psi}(I_{yy} - I_{zz})/I_{xx} + \tau_x/I_{xx} \\ \ddot{\theta} = \dot{\phi}\dot{\psi}(I_{zz} - I_{xx})/I_{yy} + \tau_y/I_{yy} \\ \ddot{\psi} = \dot{\phi}\dot{\theta}(I_{xx} - I_{yy})/I_{zz} + \tau_z/I_{zz} \end{cases} \tag{3-13}$$

定义四旋翼无人机系统的状态变量为

$$\boldsymbol{X} = [x, \dot{x}, y, \dot{y}, z, \dot{z}, \phi, \dot{\phi}, \theta, \dot{\theta}, \psi, \dot{\psi}] \tag{3-14}$$

式中，$x$，$y$ 为系统间接控制的状态变量，需要经内环姿态控制器间接驱动，而 $z$，$\phi$，$\theta$，$\psi$ 是系统直接控制的状态变量。根据第 2 章的控制分析可知，姿态控制是四旋翼无人机飞行控制的核心，要实现四旋翼无人机的位置控制和速度控制，就要求系统能准确地控制无人机的姿态角 $\phi$，$\theta$，$\psi$。

考虑系统受到的外部扰动为 $w_i$，$i = (\phi，\theta，\psi)$，四旋翼无人机的姿态子系统表达式为

$$\begin{cases} \ddot{\phi} = \dot{\theta}\dot{\psi}(I_{yy} - I_{zz})/I_{xx} + w_\phi + \tau_x/I_{xx} \\ \ddot{\theta} = \dot{\phi}\dot{\psi}(I_{zz} - I_{xx})/I_{yy} + w_\theta + \tau_y/I_{yy} \\ \ddot{\psi} = \dot{\phi}\dot{\theta}(I_{xx} - I_{yy})/I_{zz} + w_\psi + \tau_z/I_{zz} \end{cases} \tag{3-15}$$

将式 (3 – 15) 整理可得

$$\begin{bmatrix} \ddot{\phi} \\ \ddot{\theta} \\ \ddot{\psi} \end{bmatrix} = \begin{bmatrix} f_1(\phi,\theta,\psi,\dot{\phi},\dot{\theta},\dot{\psi},\omega) \\ f_2(\phi,\theta,\psi,\dot{\phi},\dot{\theta},\dot{\psi},\omega) \\ f_3(\phi,\theta,\psi,\dot{\phi},\dot{\theta},\dot{\psi},\omega) \end{bmatrix} + \boldsymbol{B} \begin{bmatrix} \tau_x \\ \tau_y \\ \tau_z \end{bmatrix} \tag{3-16}$$

式中

$$\begin{cases} f_1(\phi,\theta,\psi,\omega) = \dot{\theta}\dot{\psi}(I_{yy} - I_{zz})/I_{xx} + w_\phi \\ f_2(\phi,\theta,\psi,\omega) = \dot{\phi}\dot{\psi}(I_{zz} - I_{xx})/I_{yy} + w_\theta \\ f_3(\phi,\theta,\psi,\omega) = \dot{\phi}\dot{\theta}(I_{xx} - I_{yy})/I_{zz} + w_\psi \\ \boldsymbol{B} = \mathrm{diag}(1/I_{xx} \quad 1/I_{yy} \quad 1/I_{zz}) \end{cases} \tag{3-17}$$

通过式 (3 – 16) 可知，四旋翼无人机的姿态子系统是一个 MIMO (Multiple – Input Multiple – Output) 的非线性耦合系统，其中 $f_1(\,\cdot\,)$、

$f_2(\cdot)$ 和 $f_3(\cdot)$ 是由对应姿态通道的动态耦合部分和外部扰动构成的总扰动。根据前文理论分析，非线性扩张状态观测器能够对系统总扰动进行估计和补偿，因而可将四旋翼无人机的姿态子系统拆解成三个彼此独立的SISO（Single – Input Single – Output）子系统，实现姿态解耦控制。四旋翼无人机姿态解耦控制系统结构如图 3 – 2 所示。

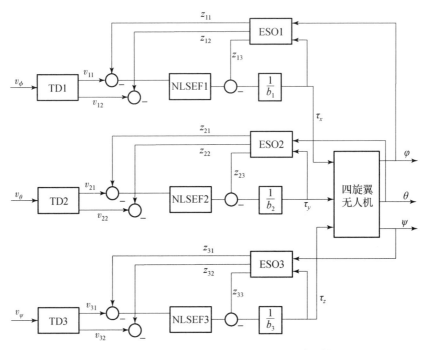

图 3 – 2　四旋翼无人机姿态解耦控制系统结构

以滚转通道为例，设计 ADRC 控制器，微分跟踪器用来追踪输入的近似值以及其微分量，并且安排过渡过程：

$$\begin{cases} v_{11}(k+1) = v_{11}(k) + h \cdot v_{12}(k) \\ v_{12}(k+1) = v_{12}(k) + h \cdot \text{fhan}[v_{11}(k) - v_\phi(k), v_{12}(k), r, h_0] \end{cases} \quad (3-18)$$

式中，$h$ 表示采样周期；$h_0$ 和 $r$ 为控制器参数；函数 fhan 可以表示为

$$\text{fhan}(v_{11}(k) - v_\phi(k), v_{12}(k), r, h_0) = -\begin{cases} r \cdot \text{sgn}(a), & |a| > d \\ r\dfrac{a}{d}, & |a| \leq d \end{cases}$$

式中，

$$d = rh_0, \quad d_0 = h_0 d$$

$$y = v_{11}(k) - v_\phi(k) + h_0 v_{12}(k), \quad a_0 = \sqrt{d^2 + 8r|y(k)|}$$

$$a = \begin{cases} v_{12} + \mathrm{sgn}[y(k)]\dfrac{a_0 - d}{2}, & |y(k)| > d_0 \\[2mm] v_{12} + \dfrac{y(k)}{h_0}, & |y(k)| \leqslant d_0 \end{cases} \tag{3-19}$$

扩张状态观测器是整个控制器的核心，利用可测量的输出量和控制量去估计初始状态量和总扰动。对滚转角 $\phi$ 的扩张状态观测器可以表示为

$$\begin{aligned} e(t) &= z_{11}(t) - y(t) \\ z_{11}(t+h) &= z_{11}(t) + h[z_{12}(t) - \beta_{01}ec(t)] \\ z_{12}(t+h) &= z_{12}(t) + h(z_{13}(t) - \beta_{02}\,\mathrm{fal}[e(t),\alpha_1,d] + u_2(t)) \\ z_{13}(t+h) &= z_{13}(t) - h\beta_{03}\,\mathrm{fal}[e(t),\alpha_2,d] \end{aligned} \tag{3-20}$$

式中函数 fal 可以表示为

$$\mathrm{fal}(e,\alpha,d) = \begin{cases} |e|^\alpha \mathrm{sgn}(e), & |e| > d \\[1mm] e/d^{1-\alpha}, & |e| \leqslant d \end{cases} \tag{3-21}$$

对滚转角 $\phi$ 的非线性状态误差反馈控制律可以表示为

$$\begin{aligned} e_{11} &= v_{11} - z_{11} \\ e_{12} &= v_{12} - z_{12} \\ u_2 &= [\mathrm{fhan}(e_{11}, ce_{12}, r, h_1) - z_{13}]/b_1 \end{aligned} \tag{3-22}$$

利用同样的方法对其他姿态角进行控制，可以得到姿态角 $\theta$，$\psi$ 的控制算法如下：

$$\begin{cases} v_{21} = v_{21} + hv_{22} \\ v_{22} = v_{22} + h \cdot \mathrm{fhan}[v_{21}(k) - v_\theta(k), v_{22}(k), r, h_0] \\ e = z_{21} - y_2, fe = \mathrm{fal}(e, 0.5, d), fe_1 = \mathrm{fal}(e, 0.25, d) \\ z_{21} = z_{21} + h(z_{22} - \beta_{01}e) \\ z_{22} = z_{22} + h(z_{23} - \beta_{02}fe + u_3) \\ z_{23} = z_{23} + h(-\beta_{03}fe_1) \\ e_{21} = v_{21} - z_{21}, e_{22} = v_{22} - z_{22} \\ u_3 = [\mathrm{fhan}(e_{21}, ce_{22}, r, h_1) - z_{23}]/b_2 \end{cases} \tag{3-23}$$

$$
\begin{cases}
v_{31} = v_{31} + h \cdot v_{32} \\
v_{32} = v_{32} + h\text{fhan}(v_{31}(k) - v_\psi(k), v_{32}(k), r, h_0) \\
e = z_{31} - y_3, fe = \text{fal}(e, 0.5, d), fe_1 = \text{fal}(e, 0.25, d) \\
z_{31} = z_{31} + h(z_{32} - \beta_{01}e) \\
z_{32} = z_{32} + h(z_{33} - \beta_{02}fe + u_4) \\
z_{33} = z_{33} + h(-\beta_{03}fe_1) \\
e_{31} = v_{31} - z_{31}, e_{32} = v_{32} - z_{32} \\
u_4 = [\text{fhan}(e_{31}, ce_{32}, r, h_1) - z_{33}]/b_3
\end{cases}
\tag{3-24}
$$

式中，$u_2$、$u_3$、$u_4$ 分别代表滚转角、俯仰角和偏航角控制输入且 $c = 1$，$b_1 = l/I_{xx}$，$b_2 = l/I_{yy}$，$b_3 = l/I_{zz}$。

### 3.1.3 参数整定

自抗扰控制可调参数较多，以二阶被控对象为例：二阶非线性 TD 有三个参数 $h$、$h_0$ 和 $r$；三阶非线性 ESO 有六个参数 $\beta_{01}$、$\beta_{02}$、$\beta_{03}$、$\alpha_1$、$\alpha_2$、$\delta$；NLSEF 有五个参数 $k_1$、$k_2$、$\alpha_1'$、$\alpha_2'$、$\delta'$；高阶自抗扰控制器的可调参数就更多。事实上，只需要整定 $\beta_{01}$、$\beta_{02}$、$\beta_{03}$、$k_1$、$k_2$ 这五个参数，其他参数可以根据经验值直接设定，且可以按照分离性原则来进行[132]。

1. 跟踪微分器（TD）参数整定

由上文分析可知，跟踪微分器（TD）中存在未知参数 $r$、$h_0$ 需要整定，$r$ 是决定跟踪快慢的参数。$r$ 越大，$x_1(t)$ 越快地跟踪输入信号 $v(t)$，当输入信号被强噪声污染时，$x_1(t)$ 也会被强噪声污染，适当的 $h_0$ 可以滤除 $v(t)$ 中所含的噪声，然而 $h_0$ 越大，$x_1(t)$ 跟踪 $v(t)$ 的相位损失越大，跟踪效果越差。在这种情况下，$h_0$ 与 $r$ 选取是否合适，将直接影响跟踪微分器的精确跟踪和滤波效果。

2. 扩张状态观测器（ESO）参数整定

目前扩张状态观测器（ESO）参数一般采用经验取值方法，采用这种取值方法对大部分干扰会有较好的估计，但一般对扩张状态的估计并不能达到最优。设定合适的适应度指标，利用优化算法对 ESO 的参数进行整定，可以提高扩张状态观测器对扩张状态的估计能力。

### 3.1.4 仿真分析

根据图 3-2 和式（3-18）、式（3-19）设计仿真流程，基于 $M$ 函数编写仿真程序，由于三个通道结构类似，且控制器具有一定的鲁棒性，各个通道参数整定为同一组参数。为说明自抗扰控制器的抗扰与跟踪能力，同 PID 控制器进行仿真对比。三个通道中分别加入干扰噪声，假设给定三个通道的控制输入为 10，仿真结果如图 3-3~图 3-6 所示。

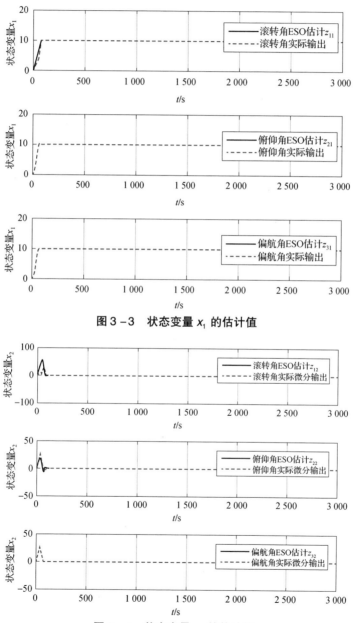

图 3-3　状态变量 $x_1$ 的估计值

图 3-4　状态变量 $x_2$ 的估计值

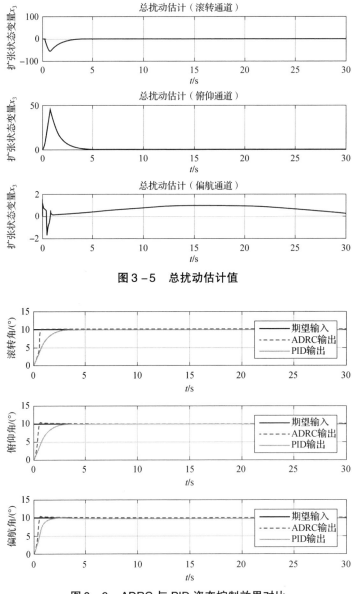

图 3 - 5  总扰动估计值

图 3 - 6  ADRC 与 PID 姿态控制效果对比

从图 3 - 3 ~ 图 3 - 5 可知，通过扩张状态观测器 ESO 可以观测各个通道的状态变量和总扰动信息并进行估计，进而利用扩张状态 $z_3$ 对扰动进行动态补偿，最终的姿态控制效果如图 3 - 6 所示。由图 3 - 6 可以看出，同 PID 相比，三个通道中的控制对干扰的抑制作用良好，动态响应性能优良，系统稳态时基本消除了稳态误差，跟踪效果更好。

假设在笛卡儿坐标系下，四旋翼无人机参考轨迹描述：$x(k) = 1 + 5\cos[T_k]$；$y(k) = 1 + 5\sin[T_k]$；$z(k) = T_k$。在仿真过程中，对自抗扰控制器所有通道中加入扰动，噪声能量为 0.1 dB 的高斯白噪声，采样时间 $T = 0.1$ s，同时加入控制扰动 $\sin[T_k/10]$[133]，仿真结果如图 3 – 7 ~ 图 3 – 11 所示。

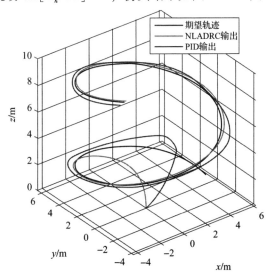

图 3 – 7　ADRC 与 PID 轨迹跟踪效果对比

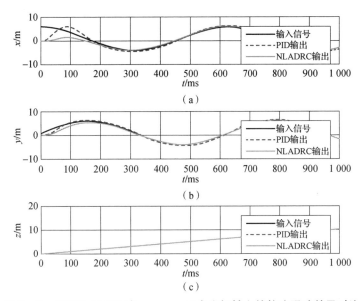

图 3 – 8　ADRC 与 PID 在 $x$、$y$、$z$ 三个坐标轴上的轨迹跟踪效果对比

（a）对 $x$ 轴方向轨迹位置追踪；（b）对 $y$ 轴方向轨迹位置追踪；（c）对 $z$ 轴方向轨迹位置追踪

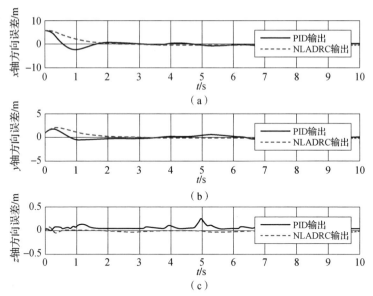

图 3-9　ADRC 与 PID 在 $xyz$ 三个坐标轴上的轨迹跟踪误差对比

（a）$x$ 轴方向的轨迹追踪；（b）$y$ 轴方向的轨迹追踪；（c）$z$ 轴方向的轨迹追踪

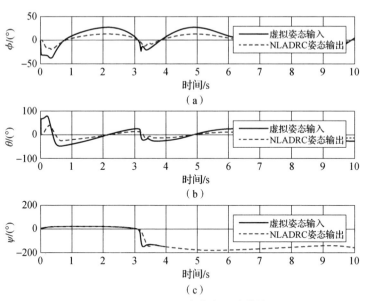

图 3-10　ADRC 姿态角跟踪曲线

（a）滚转角跟踪曲线；（b）俯仰角跟踪曲线；（c）偏航角跟踪曲线

由图可知，当给定期望轨迹时，ADRC 控制器对期望位置的跟踪效果要好于 PID，同时对噪声干扰可以有很好的抑制作用，扩张状态观测器 ESO 不仅对控制输入的动态耦合部分具有良好的估计效果，在扩张状态中将外扰

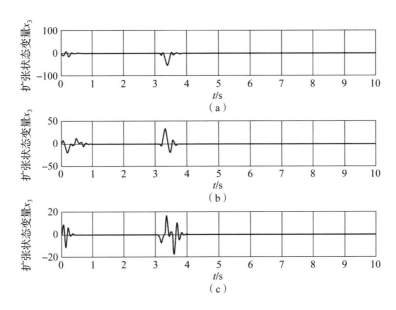

**图 3 − 11　姿态通道扰动估计曲线**

（a）滚转通道总扰动估计；（b）俯仰通道总扰动估计；（c）偏航通道总扰动估计

和内扰看作总扰动，对其也进行了良好的估计，PID 则受到扰动干扰较大，未能良好地跟踪期望轨迹。

## 3.2　基于 LADRC 的四旋翼无人机姿态控制方法

自抗扰控制器可用于非线性系统的控制，具有良好的抗扰性和鲁棒性，但是非线性 ADRC 的结构和参数整定相对复杂，主要表现在待整定参数较多，不易于实际应用[134]。线性自抗扰控制（Linear Active Disturbance Rejection Control，LADRC）是从频域角度对非线性 ADRC 进行线性化的，相关参数具有明确的意义，便于进行参数整定及调参。下面探讨基于 LADRC 的四旋翼无人机姿态控制方法。

### 3.2.1　LADRC 系统结构

LADRC 与 NADRC 结构相似，由跟踪微分器（TD）、线性扩张状态观测器（Linear Extended State Observer，LESO）、线性状态误差反馈控制律（Linear State Error Feedback，LSEF）三部分构成。其中跟踪微分器作为过渡过程，可视作独立环节，与式（3 − 3）相同，这里不再具体给出。下面以

滚转通道 $\phi$ 为例，给出基于 LADRC 的四旋翼无人机姿态控制器的设计过程。

### 1. 线性扩张状态观测器（LESO）

线性扩张状态观测器能够估计系统的总扰动，并动态补偿给控制器。假设滚转通道的子系统可表示为

$$\begin{cases} \dot{x}_1 = x_2 \\ \dot{x}_2 = f(x_1, x_2, t) + w_\phi(t) + bu_2(t) \\ y = x_1 \end{cases} \qquad (3-25)$$

式中，$f(x_1, x_2, t)$ 包含系统内部扰动和动态耦合部分，$w_\phi(t)$ 为滚转通道的外部扰动，则系统的总扰动可表示为

$$x_3 = f(x_1, x_2, t) + w_\phi(t) \qquad (3-26)$$

将式（3-26）与式（3-25）合并可得

$$\begin{cases} \dot{x}_1 = x_2 \\ \dot{x}_2 = x_3 + bu_2(t) \\ x_3 = f(x_1, x_2, t) + w_\phi(t) \\ y = x_1 \end{cases} \qquad (3-27)$$

下面运用线性扩张观测器对该滚转角的子系统进行观测。利用 $z_{11}$、$z_{12}$ 和 $z_{13}$ 分别对 $x_1$、$x_2$ 和 $x_3$ 进行估计，则滚转通道的线性扩张观测器表达式为

$$\begin{cases} e(t) = z_{11}(t) - v(t) \\ \dot{z}_{11}(t) = z_{11}(t) + h(z_2(t) - \beta_1 e(t)) \\ \dot{z}_{12}(t) = z_{12}(t) + h(z_3(t) - \beta_2 e(t) + bu_2(t)) \\ \dot{z}_{13}(t) = z_{13}(t) - h\beta_3 e(t) \end{cases} \qquad (3-28)$$

式中，$\beta_i$ 为状态反馈的增益，与观测器的收敛速度相关，即 $\beta_i$ 越大，对应通道的估计信号 $z_i$ 对其输入信号的跟踪速度越快。

将式（3-28）进行离散化，可得滚转通道的离散扩张状态观测器的表达式为

$$\begin{cases} e(k) = z_{11}(k) - v(k) \\ z_{11}(k+1) = z_{11}(k) + T[z_2(k) - \beta_1 e(k)] \\ z_{12}(k+1) = z_{12}(k) + T[z_3(k) - \beta_2 e(k) + bu_2(k)] \\ z_{13}(k+1) = z_{13}(k) - T\beta_3 e(k) \end{cases} \qquad (3-29)$$

**2. 线性状态误差反馈控制律（LSEF）**

在设计状态误差反馈环节时，引入 PD 控制形式：

$$u_0(k) = k_p[v_{11}(k) - z_{11}(k)] - k_d z_{12}(k) \tag{3-30}$$

式中，参数 $k_p$ 和 $k_d$ 分别对应 PD 控制中的比例系数和微分系数。

则滚转通道的控制输入表达式为

$$\begin{cases} u_0(k) = k_p[v_{11}(k) - z_{11}(k)] - k_d z_{12}(k) \\ u_2(k) = \dfrac{u_0(k) - z_{13}(k)}{b_{01}} \end{cases} \tag{3-31}$$

式中，$b_{01}$ 为对应滚转通道的反馈系数，需要经过调整参数确定。

在式（3-31）中，滚转通道输出的控制量包含了由线性扩张状态观测器估计的总扰动 $z_{13}$，因而实现了对系统中动态耦合部分以及内外扰动的补偿。

由式（3-29）和式（3-31）可知，线性自抗扰控制器中包含 $b_{01}$，$\beta_1$，$\beta_2$，$\beta_3$，$k_p$ 和 $k_d$ 六个待整定参数。现引入控制器带宽分析方法[135]，可将 LESO 和 LSEF 中的未知参数表示成如下形式：

$$\begin{cases} [\beta_1 \quad \beta_2 \quad \beta_3] = [3\omega_0 \quad 3\omega_0^2 \quad \omega_0^3], & \omega_0 > 0 \\ [k_p \quad k_d] = [\omega_f^2 \quad 2\omega_f], & \omega_f > 0 \end{cases} \tag{3-32}$$

利用同样的方法对姿态角 $\theta$ 和 $\psi$ 设计控制器，可得到俯仰通道和偏航通道的线性自抗扰姿态控制器。

## 3.2.2　基于改进粒子群算法的控制器参数整定

粒子群算法（Particle Swarm Optimization，PSO）是一种先进的智能寻优算法，源于生物学上对鸟群、鱼群等群体行为模式的研究。1987 年，Reynolds 等人借助 3D 动画仿真，成功地模拟了鸟群集群运动模式[136]，学者们尝试将该生物行为凝练成可移植到其他领域应用的算法，1995 年，Kennedy 和 Eberhart 率先提出了粒子群算法[137]。该算法具有参数较少、便于跨领域移植应用和收敛速度快等优势，现已推广到诸多领域的参数优化问题上。

在寻优空间内，粒子群更新的表达式为

$$\begin{cases} v_{t+1} = \omega v_t + c_1 r_1(P_t - x_t) + c_2 r_2(G_t - x_t) \\ x_{t+1} = x_t + v_{t+1} \end{cases} \tag{3-33}$$

式中，$v_t$，$v_{t+1}$ 为粒子更新前后的飞行速度，上、下阈值分别为 $v_{\max}$ 和 $v_{\min}$；

$x_t$，$x_{t+1}$ 为粒子更新前后的当前位置，上、下阈值分别为 $x_{max}$ 和 $x_{min}$；$c_1$，$c_2$ 为学习因子，与粒子自我学习和寻优收敛相关[71]；$r_1$，$r_2$ 为 $[0，1]$ 内的随机数，赋予群体多样性；$P_t$，$G_t$ 分别为位置最优的个体极值和群体极值；$\omega$ 为惯性权重，当 $\omega$ 值较大时，粒子群算法适合在全局空间内搜索；$\omega$ 值较小时，粒子群算法适合在局部空间搜索[138]。

为使粒子群算法在寻优初期具有更快的搜索能力，在寻优后期具备更精确的寻优效果，本书采用衰减形式取代原有常值量。$\omega$ 的改进形式表示如下：

$$\omega(k) = \omega_s - (\omega_s - \omega_e)\left(\frac{k}{I_{max}}\right)^2 \qquad (3-34)$$

式中，$\omega_s$ 为 $\omega$ 的初始值；$\omega_e$ 为 $\omega$ 的终止值；$k$ 为当前迭代次数；$I_{max}$ 为总迭代次数。

控制器的参数寻优是在一定约束条件下的搜索过程，通过设立某一评价指标来筛选出更好的控制器参数组合。本书选取时间乘以误差绝对值积分（Integrated Time and Absolute Error，ITAE）性能指标来构建寻优算法的适应度函数，该指标综合评判了系统的快速性、准确性及稳定性，具有良好的综合评价性能[139]。适应度函数的表达式为

$$\text{fitness} = \sum_{k=1}^{T_{max}} k|e(k)| \qquad (3-35)$$

式中，$T_{max}$ 表示每次实验中控制器的总采样点数。

基于 ITAE 性能指标的粒子群（IPSO）优化流程如下。

（1）初始化粒子群，设置基础参数（粒子的状态阈值、学习因子等），随机产生所有粒子的位置和速度，为粒子的个体极值 $P_t$ 和群体极值 $G_t$ 进行赋值。

（2）根据式（3-33）更新粒子群。

（3）将每个参数当前对应的粒子赋予控制器并进行仿真，获取当前每个粒子的 ITAE 性能指标。

（4）将每个粒子的适应度与个体极值 $P_t$ 作比较，筛选出适应值最小的一组粒子更新到个体极值 $P_t$。

（5）将每个粒子的适应度与群体极值 $G_t$ 作比较，若适应值较小，则更新 $G_t$。

（6）若未满足终止条件，即未达到预设的迭代次数或未小于预设的适应度，则优化算法回溯到（2）；若满足终止条件，则输出当前的最优解。

根据上述分析，IPSO 算法流程如图 3-12 所示。

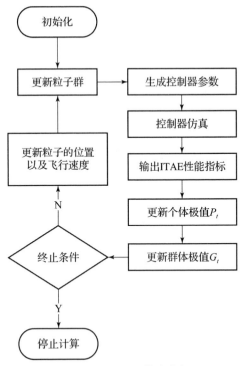

图 3 - 12　IPSO 算法流程

　　下面遵循以上寻优流程，以滚转通道为例，进行优化仿真。首先，进行参数初始化，滚转角的线性自抗扰控制器的初始参数见表 3 - 1。

表 3 - 1　滚转角的线性自抗扰控制器的初始参数

| 控制器 | TD | | LESO | | | | LSEF | |
|---|---|---|---|---|---|---|---|---|
| 参数 | $r$ | $h$ | $b_{01}$ | $\beta_1$ | $\beta_2$ | $\beta_3$ | $k_p$ | $k_d$ |
| 参数值 | 80 | 0.1 | 50 | 30 | 300 | 1 000 | 100 | 20 |

　　IPSO 寻优算法初始化参数见表 3 - 2，位置以及飞行速度的上下阈值（$x_{\max}$, $x_{\min}$, $v_{\max}$, $v_{\min}$）的数值依次对应 $b_{01}$, $\beta_1$, $\beta_2$, $\beta_3$, $k_p$, $k_d$。

表 3 - 2　IPSO 寻优算法初始化参数

| 参数 | 参数值 |
|---|---|
| $[c_1, c_2]$ | $[2, 2]$ |
| $[N_{\max}, Y_{\max}]$ | $[50, 50]$ |

| 参数 | 参数值 |
|---|---|
| $[\omega_s, \omega_e]$ | $[0.9, 0.4]$ |
| $x_{\max}$ | $[100, 60, 600, 2\ 000, 200, 40]$ |
| $x_{\min}$ | $[20, 10, 200, 600, 50, 10]$ |
| $v_{\max}$ | $[0.5, 0.25, 2, 4, 1, 0.25]$ |
| $v_{\min}$ | $[-0.5, -0.25, -2, -4, -1, -0.25]$ |

在某次寻优过程中，IPSO 的适应度收敛过程如图 3 – 13 所示。

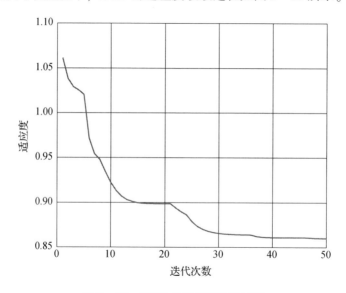

**图 3 – 13　IPSO 的适应度收敛过程**

控制器参数的寻优过程如图 3 – 14 所示。

图 3 – 15 直观清晰地反映出优化前后的效果，即 IPSO 寻优前后横滚通道的姿态控制器对阶跃信号的跟踪情况。

寻优前后控制器参数的变化以及性能对比情况如表 3 – 3 所示。仿真实验结果表明，经 IPSO 寻优算法优化后，线性自抗扰控制器的控制性能得到提升，控制器的超调量从 8.95% 降到 1.16%，调节时间从 0.87 s 提升到 0.51 s，ITAE 性能指标从 3.468 4 下降到 0.860 1，这充分验证了 IPSO 寻优算法的有效性。

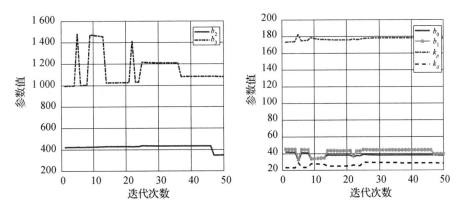

**图 3 - 14　控制器参数的寻优过程**

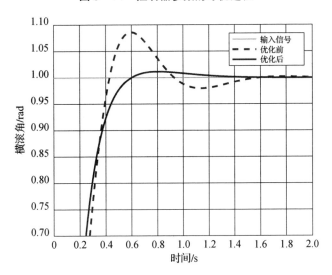

**图 3 - 15　IPSO 优化效果前后对比**

**表 3 - 3　寻优前后控制器参数的变化以及性能对比情况**

| 参数及性能指标 | 寻优前 | 寻优后 |
|---|---|---|
| $b_{01}$ | 50 | 37.83 |
| $\beta_1$ | 30 | 39.71 |
| $\beta_2$ | 300 | 349.67 |
| $\beta_3$ | 1 000 | 1 080.59 |
| $k_p$ | 100 | 177.90 |
| $k_d$ | 20 | 28.42 |

| 参数及性能指标 | 寻优前 | 寻优后 |
|---|---|---|
| 超调量/% | 8.95 | 1.16 |
| 调节时间（±2%）/s | 0.87 | 0.51 |
| ITAE 指标 | 3.468 4 | 0.860 1 |

### 3.2.3　稳定性分析

LESO 的稳定性对线性自抗扰控制器的稳定性有着决定性的影响[140]，因此本节首先针对 LESO 的稳定性进行研究，随后再从整个控制器的角度，推证线性自抗扰控制器的稳定性。需要说明的是，此处的控制器稳定性是在输入有界的约束条件下，输出有界的稳定性[141]，即有界输入及有界输出（BIBO）的稳定性。

1. LESO 收敛性以及稳定性分析

现假设 LESO 观测到的系统总扰动为 $f$，$f$ 可微，且 $\dot{f}$ 有界，对式（3 - 27）变换可得被控对象的状态表达式为

$$\begin{cases} \dot{x}_1 = x_2 \\ \dot{x}_2 = bu + f \\ \dot{x}_3 = \dot{f} \\ y = x_1 \end{cases} \tag{3-36}$$

上式可变换为系统的状态空间形式，即

$$\begin{cases} \dot{x} = Ax + Bu + Hf \\ y = Cx \end{cases} \tag{3-37}$$

$$\dot{x} = \begin{bmatrix} x_1 \\ x_2 \\ x_3 \end{bmatrix}, \quad A = \begin{bmatrix} 0 & 1 & 0 \\ 0 & 0 & 1 \\ 0 & 0 & 0 \end{bmatrix}, \quad B = \begin{bmatrix} 0 \\ b \\ 0 \end{bmatrix}, \quad H = \begin{bmatrix} 0 \\ 0 \\ 0 \end{bmatrix}, \quad C = \begin{bmatrix} 1 & 0 & 0 \end{bmatrix} \tag{3-38}$$

借助前文对 LESO 的分析，以状态空间形式构造的 LESO 表达为

$$\begin{cases} \dot{z} = Az + Bu + L(y - z_1) \\ \bar{y} = Cz \end{cases} \tag{3-39}$$

式中，$z = \begin{bmatrix} z_1 & z_2 & z_3 \end{bmatrix}^{\mathrm{T}}$ 是对 $x_1$，$x_2$，$x_3$ 的估计值；$L = \begin{bmatrix} \beta_1 & \beta_2 & \beta_3 \end{bmatrix}^{\mathrm{T}}$ 为 LESO 的增益向量，结合式（3 - 32）可将该向量表示为 $L = \begin{bmatrix} 3\omega_0 & 3\omega_0^2 & \omega_0^3 \end{bmatrix}^{\mathrm{T}}$。

现定义 LESO 的估计偏差向量为

$$E = \begin{bmatrix} x_1 - z_1 & x_2 - z_2 & x_3 - z_3 \end{bmatrix}^T \tag{3-40}$$

进而可将 LESO 的状态方程表示为

$$\dot{E} = \Phi E + Hf \tag{3-41}$$

$$\Phi = A - LC = \begin{bmatrix} 3\omega_0^2 & 0 & 1 \end{bmatrix} \tag{3-42}$$

进而可知，$\Phi$ 的特征多项式表示为

$$\lambda_\Phi(s) = s^3 + 3\omega_0 s^2 + 3\omega_0 s + \omega_0^3 = (s + \omega_0)^3 \tag{3-43}$$

已知式（3-32）满足约束条件 $\omega_0 > 0$，即针对上述特征多项式，其特征根均分布于根平面的左半部，并且扰动输入 $f$ 符合有界条件，则可证得 LESO 具备 BIBO 稳定性。

2. 控制器稳定性分析

前文中已求证了 LESO 对总扰动估计性能的稳定性，接下来将对线性控制器进行稳定性分析。假设被控对象的表达形式，可将式（3-25）所表示的二阶系统改写为双积分串联形式：

$$\ddot{y} = u_0 \tag{3-44}$$

式（3-30）为滚转角控制量的表达形式，现将其转化为普遍形式：

$$u_0 = k_p(v - y) - k_d \dot{y} \tag{3-45}$$

忽略 LESO 的估计偏差，将式（3-44）代入式（3-45）得到系统的闭环特征方程：

$$\ddot{y} + k_d \dot{y} + k_p y = k_p v \tag{3-46}$$

式（3-46）经拉普拉斯变换，求得系统的闭环传递函数：

$$G_d(s) = \frac{k_p}{s^2 + k_d s + k_p} \tag{3-47}$$

将式（3-32）代入式（3-47）得到

$$G_d(s) = \frac{\omega_f^2}{s^2 + 2\omega_f s + \omega_f^2} \tag{3-48}$$

依据劳斯（Routh）判据，要保证以上描述的二阶系统稳定，则需要系统特征方程的根均位于根平面的左半部，即 $2\omega_f > 0$ 且 $\omega_f^2 > 0$。由式（3-18）的描述可确定 $\omega_f > 0$，即证得系统 BIBO 稳定。

## 3.2.4　仿真分析

为进一步分析所设计的线性自抗扰姿态控制器的控制性能，现在选取

经相同 IPSO 算法优化后的 PID 控制器作为比较对象，开展两组对比仿真实验。其中，外环位置信息均由 PID 位置控制器提供，前一组实验不设置干扰，后一组实验在控制通道中加入扰动噪声，考察两种控制器在强干扰环境下的性能表现，以验证控制器是否具备抑制扰动的能力。

在仿真实验中，IPSO – LADRC 控制器参数见表 3 – 4。

表 3 – 4    IPSO – LADRC 控制器参数

| 通道 | $b_{0i}$ | $\beta_1$ | $\beta_2$ | $\beta_3$ | $k_p$ | $k_d$ | $r$ | $h$ |
|------|------|------|------|------|------|------|------|------|
| $\phi$ | 75.56 | 29.55 | 291.07 | 955.67 | 185.50 | 27.24 | 80 | 0.1 |
| $\theta$ | 72.36 | 30.45 | 309.07 | 1 045.68 | 152.28 | 24.68 | 80 | 0.1 |
| $\psi$ | 38.75 | 28.35 | 267.91 | 843.91 | 174.50 | 26.42 | 80 | 0.1 |

IPSO – PID 控制器参数见表 3 – 5。

表 3 – 5    IPSO – PID 控制器参数

| 通道 | $P$ | $I$ | $D$ |
|------|------|------|------|
| $\phi$ | 44.56 | 0.21 | 12.57 |
| $\theta$ | 52.36 | 0.32 | 11.07 |
| $\psi$ | 185.62 | 0.12 | 48.51 |

四旋翼无人机仿真模型参数见表 3 – 6。

表 3 – 6    四旋翼无人机仿真模型参数

| 参数 | $m$ | $g$ | $d$ | $J_{xx}$ | $J_{yy}$ | $J_{zz}$ | $k_T$ | $k_Q$ |
|------|------|------|------|------|------|------|------|------|
| 单位 | kg | m/s$^2$ | m | kg·m$^2$ | kg·m$^2$ | kg·m$^2$ | N/ (rad$^2$·s$^{-2}$) | N·m/ (rad$^2$·s$^{-2}$) |
| 赋值 | 1.72 | 9.81 | 0.167 | 1.116 × 10$^{-2}$ | 1.937 × 10$^{-2}$ | 2.484 × 10$^{-2}$ | 6.258 × 10$^{-6}$ | 7.282 × 10$^{-8}$ |

首先进行无外加扰动仿真，在笛卡儿坐标系内，设定四旋翼无人机仿真模型跟踪的期望轨迹表达式为

$$\begin{cases} x_e = 5\cos(t) \\ y_e = 5\sin(t) \\ z_e = 5 \end{cases} \qquad (3-49)$$

采样点数 $k = 1\,200$，采样间隔为 $0.01\ \mathrm{s}$，仿真时长为 $12\ \mathrm{s}$。

由图 3 - 16 ~ 图 3 - 18 可知，在未加入外部扰动时，IPSO - LADRC 控制器和 IPSO - PID 控制器均能有效跟踪设定轨迹。在无超调跟踪方面，LADRC 控制器的性能更好；在其他方面，两种控制器的性能表现接近。

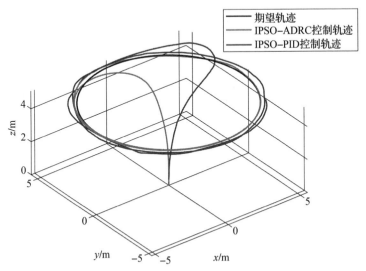

**图 3 - 16　未加入扰动的轨迹跟踪仿真实验（书后附彩插）**

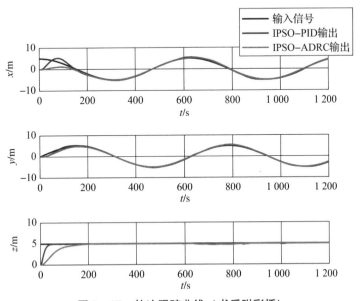

**图 3 - 17　轨迹跟踪曲线（书后附彩插）**

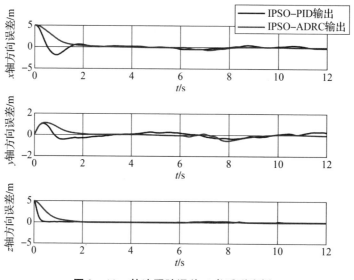

**图3-18 轨迹跟踪误差（书后附彩插）**

接下来进行第二组对比实验，利用 MATLAB 仿真系统内置的 $f(\cdot) =$ wgn($\cdot$) 函数对两种控制器施加相同的高斯白噪声，输入噪声强度为 1 dBW，模拟强干扰环境，其他仿真条件保持一致，以测试两种控制器抵御干扰的能力。

图3-19~图3-21反映出，当控制系统受到强干扰影响时，LESO 对动态耦合部分以及内外扰动构成的总扰动具有良好的估计和补偿作用，保证

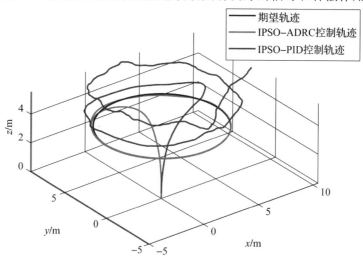

**图3-19 加入扰动的轨迹跟踪仿真实验（书后附彩插）**

了 IPSO – LADRC 控制器在干扰环境下仍能保持较好的控制性能；而 IPSO – PID 则无法抵御扰动影响，随着时间推移，跟踪误差逐步积累，控制效果逐渐恶化，最终严重偏离了设定的轨迹。

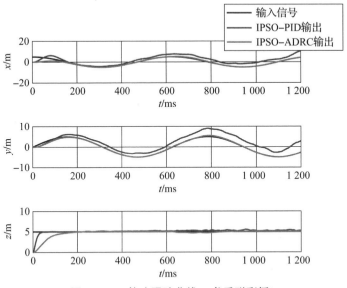

图 3 – 20　轨迹跟踪曲线（书后附彩插）

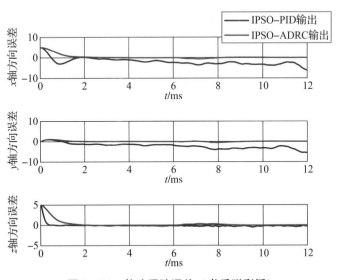

图 3 – 21　轨迹跟踪误差（书后附彩插）

在没有外扰信号的情况下，控制系统的动态耦合成分即 LESO 所估计的总扰动，各姿态通道的 LESO 所观测到的总扰动变化情况如图 3 – 22 所示；

在施加外扰信号的情况下，总扰动由动态耦合估计值和外部扰动估计值叠加而成，如图 3 – 23 所示。

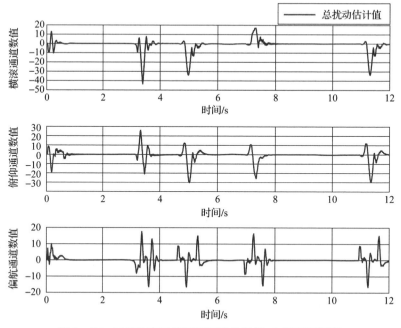

图 3 – 22 LESO 在无扰环境下的估计值（书后附彩插）

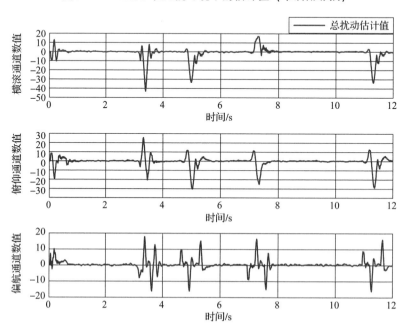

图 3 – 23 LESO 在干扰环境下的估计值（书后附彩插）

以上两组仿真实验验证了基于线性自抗扰的姿态解耦控制器的有效性。得益于各姿态通道的 LESO 对扰动信号的实时估计和补偿，基于线性自抗扰的姿态解耦控制器在有无干扰的情况下均能展现出良好的控制性能，检验了姿态控制系统的抗干扰性和鲁棒性。

## 3.3　本章小结

本章围绕基于自抗扰技术的四旋翼无人机姿态控制，重点研究了基于 NLADRC 和 LADRC 的姿态解耦控制方法。首先，在四旋翼无人机模型基础上建立了基于 NLADRC 的姿态解耦控制器；其次，将非线性 ADRC 线性化后设计了一种更为简洁的基于 LADRC 的四旋翼无人机姿态控制方法，并采用改进粒子群算法对 LADRC 关键参数进行了整定；最后，通过仿真验证了 NLADRC、LADRC 控制方法的鲁棒性、抗干扰性等控制性能。

# 第4章 四旋翼无人机单机
# 避障航迹规划方法

四旋翼无人机在程控状态飞行时,一般是手动在地面站取点来规划飞行航迹,这种手动规划方式具有很大的随机性,规划的航迹是一条可行航迹,但通常不是最优航迹。航迹规划中的普通方法,如人工势场法、快速扩展随机树法、概率路线图法等算法不依靠代价函数进行空间搜索,故不能规划出最优航迹;而优化方法采用数学分析或者优胜劣汰的进化机制来进行寻优,能够规划出最优航迹,符合离线避障航迹规划要求。与经典优化算法和个体智能优化算法相比,群智能优化算法凭借群体智能,通过个体的优胜劣汰来进行选择进化,计算能力强、鲁棒性好,特别适合航迹规划这种复杂计算的问题,成为无人机离线航迹规划研究的热点。

此外,四旋翼无人机在飞行过程中会受到未探明障碍物或者突发障碍物的威胁,为确保飞行安全和任务的顺利实施,有必要对四旋翼无人机在线避障航迹规划方法进行研究。在线避障航迹规划方法主要包括蚁群算法、遗传算法、粒子群算法等优化方法和 A * 算法、概率路线图法、RRT 算法、人工势场法等普通方法。文献 [142] 指出,蚁群算法效率低,且存在陷入局部最优的缺陷;文献 [143] 详细阐述了遗传算法的过程,并指出该算法容易出现停滞现象;文献 [144] 指出,虽然粒子群算法鲁棒性强、结构简单、易于实现,但是容易陷入局部最优解,出现"早熟"现象,且后期寻优能力减弱,实时性差。上述优化方法均存在航迹规划时间长、实时性差的问题,无法满足复杂环境下四旋翼无人机在线避障航迹规划的要求。

本章围绕四旋翼无人机避障航迹规划问题,从单机离线避障航迹规划和单机在线避障航迹规划两个方面进行研究。针对单机离线避障航迹规划,首先对航迹规划问题进行描述,确定航迹编码方式和航迹代价函数;然后结合离线避障航迹规划的要求,重点研究基于人工蜂群算法 ( Artificial Bee Colony Algorithm, ABC) 的自主避障航迹规划问题,针对算法搜索后期寻优效率低、易陷入局部极小值的缺点,利用高斯变异和混沌扰动进行改进,并采用 B 样条曲线对航迹进行平滑处理，得到满足四旋翼无人机性能约束的最优航迹；最后将改进算法与原始算法进行对比，结果表明改进 ABC 算法的航迹代价函数值最小，规划效果最好。针对单机在线避障航迹规划，首先确定四旋翼无人机的约束条件，重点研究基于 RRT 算法的在线避障航迹规划方法；然后通过 RRT 算法与人工势场法的对比，确定将 RRT 算法用于四旋翼无人机在线避障航迹规划中，并针对 RRT 算法存在的缺点，通过概率引导、航迹点裁剪和 B 样条优化等方法进行改进，提出了 HDSO－RRT 算法；随后通过仿真实验确定城市环境下 HDSO－RRT 算法中引导概率的取值，并与其他改进 RRT 算法进行仿真比较；最后针对两类突发威胁避障情况，将 HDSO－RRT 算法用于四旋翼无人机航迹规划中，并给出该算法的性能分析。

# 4.1　单机离线避障航迹规划

## 4.1.1　航迹规划问题描述

### 1. 航迹编码

每条航迹均由起始点、中间 $n$ 个航迹点和目标点组成，航迹点由避障空间中的坐标点表示，故一条航迹共有 $n+2$ 个坐标点组成。

在人工蜂群算法中，设种群的数量为 $N$，则会产生 $N$ 种可能解，此时种群可以表示为一个矩阵：

$$X = \left[ X_1, X_2, \cdots, X_N \right]^{\mathrm{T}} \qquad (4-1)$$

式中，$X_i$ 为行向量，表示第 $i(i=1, 2, \cdots, N)$ 条航迹。设一条航迹除起始点和目标点外有 $n$ 个航迹点，在三维任务空间中，坐标 $(x, y, z)$ 可以表示其中的一个航迹点，则除去起始点和目标点的一条航迹可以用维数为 $3n$ 的行向量来表示：

$$X_i = \left[ x_{i1}, x_{i2}, \cdots, x_{in}, y_{i1}, y_{i2}, \cdots, y_{in}, z_{i1}, z_{i2}, \cdots, z_{in} \right] \qquad (4-2)$$

式中，$x_{i1}$，$x_{i2}$，$\cdots$，$x_{in}$，$y_{i1}$，$y_{i2}$，$\cdots$，$y_{in}$，$z_{i1}$，$z_{i2}$，$\cdots$，$z_{in}$ 分别表示航迹点的横坐标、纵坐标和高度信息。故第 $i$ 条航迹的第 $j(j=1, 2, \cdots, n)$ 个航迹点坐标表示为 $(x_{ij}, y_{ij}, z_{ij})$。

### 2. 航迹代价

代价函数是对航迹质量进行评价的重要指标，也是进行航迹规划的依据。在四旋翼无人机离线避障航迹规划中，首先考虑的是航迹的机动性能代价，所规划航迹必须满足四旋翼无人机机动性能的要求；同时还要考虑规划的航迹长度，通常航迹长度越短，时效性越好。

（1）机动性代价。

机动性代价是必须考虑的航迹评价指标，这是因为超出四旋翼无人机性能约束的航迹是不可行的航迹，即使没有超出四旋翼无人机的动态性能约束，但是曲折、平滑度差的航迹也不利于飞行，降低可跟踪性。另外，四旋翼无人机跟踪平滑度差的航迹需要频繁地作出机动动作，不仅增加油耗，还会降低飞行的安全性。机动性代价表征了航迹的平滑程度，机动性代价越小，航迹越平滑，越有利于四旋翼无人机飞行。机动性代价可以表示为

$$D = \sum_{i=1}^{n+1} (k_\alpha \alpha_i + k_\theta \theta_i) \tag{4-3}$$

式中，

$$\alpha_i = \left| \arctan\left( \frac{z_{i+1}}{\sqrt{x_{i+1}^2 + y_{i+1}^2}} \right) - \arctan\left( \frac{z_i}{\sqrt{x_i^2 + y_i^2}} \right) \right|$$

$$= \begin{cases} \left| \arctan\left( \dfrac{z_{i+1}\sqrt{x_i^2 + y_i^2} - z_i\sqrt{x_{i+1}^2 + y_{i+1}^2}}{z_i z_{i+1} + \sqrt{(x_i^2 + y_i^2)(x_{i+1}^2 + y_{i+1}^2)}} \right) \right|, \\[2ex] \quad \dfrac{z_i z_{i+1}}{\sqrt{(x_i^2 + y_i^2)(x_{i+1}^2 + y_{i+1}^2)}} > -1 \\[3ex] \left| \pi + \arctan\left( \dfrac{z_{i+1}\sqrt{x_i^2 + y_i^2} - z_i\sqrt{x_{i+1}^2 + y_{i+1}^2}}{z_i z_{i+1} + \sqrt{(x_i^2 + {}^2 y_i)(x_{i+1}^2 + y_{i+1}^2)}} \right) \right|, \\[2ex] \quad \dfrac{z_{i+1}}{\sqrt{x_{i+1}^2 + y_{i+1}^2}} > 0, \ \dfrac{z_i z_{i+1}}{\sqrt{(x_i^2 + {}^2 y_i)(x_{i+1}^2 + y_{i+1}^2)}} < -1 \\[3ex] \left| -\pi + \arctan\left( \dfrac{z_{i+1}\sqrt{x_i^2 + y_i^2} - z_i\sqrt{x_{i+1}^2 + y_{i+1}^2}}{z_i z_{i+1} + \sqrt{(x_i^2 + y_i^2)(x_{i+1}^2 + y_{i+1}^2)}} \right) \right|, \\[2ex] \quad \dfrac{z_{i+1}}{\sqrt{x_{i+1}^2 + y_{i+1}^2}} < 0, \ \dfrac{z_i z_{i+1}}{\sqrt{(x_i^2 + y_i^2)(x_{i+1}^2 + y_{i+1}^2)}} < -1 \end{cases}$$

$$\theta_i = \left| \arctan\left(\frac{y_{i+1}}{x_{i+1}}\right) - \arctan\left(\frac{y_i}{x_i}\right) \right|$$

$$= \begin{cases} \left| \arctan\left(\dfrac{x_i y_{i+1} - x_{i+1} y_i}{x_i x_{i+1} + y_i y_{i+1}}\right) \right|, & \dfrac{y_i y_{i+1}}{x_i x_{i+1}} > -1 \\[3mm] \left| \pi + \arctan\left(\dfrac{x_i y_{i+1} - x_{i+1} y_i}{x_i x_{i+1} + y_i y_{i+1}}\right) \right|, & \dfrac{y_{i+1}}{x_{i+1}} > 0, \dfrac{y_i y_{i+1}}{x_i x_{i+1}} < -1 \\[3mm] \left| -\pi + \arctan\left(\dfrac{x_i y_{i+1} - x_{i+1} y_i}{x_i x_{i+1} + y_i y_{i+1}}\right) \right|, & \dfrac{y_{i+1}}{x_{i+1}} < 0, \dfrac{y_i y_{i+1}}{x_i x_{i+1}} < -1 \end{cases}$$

$\alpha_i$ 表示第 $i$ 航迹段与第 $i+1$ 航迹段之间的水平转弯角度；$k_\alpha$ 为水平转弯角度系数；$\theta_i$ 为第 $i$ 航迹段与第 $i+1$ 航迹段之间的俯仰角度；$k_\theta$ 为俯仰角度系数；第 $i$ 个航迹段的向量坐标为 $(x_i, y_i, z_i)$。由上述公式可以看出，算法规划航迹越平滑，机动性代价越小。

（2）航迹长度代价。

四旋翼无人机以一定的速度沿规划航迹飞行，规避障碍物所用的时间与所规划航迹的长度有密切的关系，期望航迹规划的长度越短越好，因为在一定速度下，规划航迹越短，四旋翼无人机飞行时间越短，飞行的安全性会提高，同时也有利于迅速到达目的地执行任务，提高执行任务的效率，并且减小起始点到任务区之间的能耗，提高执行任务的能力。

文献 [145] 给出的航迹长度代价函数如式（4-4）所示，这种长度代价函数只考虑航迹的长度，没有考虑航迹点的分布。本书综合考虑航迹长度和航迹点的分布情况，给出式（4-5）所示的航迹长度代价函数：

$$L = \sum_{j=1}^{n+1} l_j \tag{4-4}$$

$$L = k_l \sum_{j=1}^{n+1} \left( l_j - \frac{l_0}{n+1} \right)^2 \tag{4-5}$$

式中，$k_l$ 表示航迹长度系数；$l_j$ 表示第 $j$ 段航迹段的长度；$l_0$ 表示连接起始点和目标点的直线距离。由式（4-5）可以看出，当航迹为连接起始点和目标点的一条直线且航迹点均匀分布在整条航迹上时，航迹长度代价 $L = 0$。

（3）航迹代价函数。

航迹代价函数表征了航迹的综合信息，是群智能算法对航迹进行优化的标准，它决定了算法所规划航迹的优劣。航迹代价函数可以表示成机动代价和航迹长度代价的加权，如下式所示：

$$J(X) = w_1 D(X) + w_2 L(X) \tag{4-6}$$

式中，$J(X)$ 为航迹 $X$ 的代价函数；$w_1$ 为机动性的加权系数；$D(X)$ 为航迹 $X$ 的机动性代价；$w_2$ 为航迹长度加权系数；$L(X)$ 为航迹 $X$ 的航迹长度代价。由于四旋翼无人机可以进行悬停等操作，机动性能对算法的约束较小而航迹长度的约束较大，故应该选择较小的 $w_1$ 值和较大的 $w_2$ 值。

3. 航迹规划空间

下面以城市环境下四旋翼无人机避障航迹规划为背景，进行规划方法的研究。由于城市中高楼林立、环境复杂，为了更接近实际情况，首先需要建立城市环境航迹规划空间模型，以便于后续进行分析和验证。

根据城市飞行环境的特点，可以将建筑物等效成长方体。航迹规划空间可以表示为 $R = [(x,y,z)|0 \leqslant x \leqslant 200, 0 \leqslant y \leqslant 200, 0 \leqslant z \leqslant 50]$，其中 $x$、$y$、$z$ 分别为航迹规划空间的横坐标、纵坐标和竖坐标。航迹规划空间模型如图 4 - 1 所示。

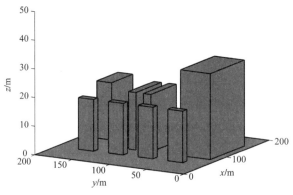

图 4 - 1　航迹规划空间模型

## 4.1.2　改进人工蜂群算法

1. 人工蜂群算法原理

ABC 算法是由 Karaboga 于 2005 年提出来的一种新型群智能优化算法，并于 2008 年引入国内，该算法模拟蜜蜂的采蜜过程来寻找待优化问题的解。由于该算法具有操作简单、参数设置少、鲁棒性强、寻优速度更快、收敛精度更高等优点，广泛应用于全局优化问题[146]。

ABC 算法中包含采蜜蜂、观察蜂和侦察蜂，其中采蜜蜂找蜜源，观察蜂对蜜源进行选择，侦察蜂随机搜索蜜源。算法流程：首先确定蜂群规模 $N$、航迹点个数 $n$、标记向量 $trial$、阈值 $limit$，此时可以确定种群矩阵为 $X =$

$[X_1, X_2, \cdots, X_N]^{\mathrm{T}}$，然后初始化种群矩阵并计算每组可能解的适应度函数值。采蜜蜂在邻域进行搜索来产生新解 $v_{ij}$，并计算该蜜源的适应度值，比较 $x_{ij}$ 与 $v_{ij}$ 并进行贪婪选择；观察蜂根据轮盘赌法以概率 $p_i$ 选择蜜源，在邻域范围内搜索并产生新解，然后进行贪婪选择；若第 $i$ 条航迹的 $trial(i)$ 达到阈值 $limit$ 但适应度值没有更新，则成为放弃的解，侦察蜂进行侦察并根据初始化公式产生新解替换旧解。算法循环计算，直至满足终止条件。

初始化种群矩阵公式和适应度计算公式分别为

$$x_{ij} = l_j + \mathrm{rand}(0,1) \cdot (u_j - l_j) \quad (i = 1,2,\cdots,N; \ j = 1,2,\cdots,3n) \quad (4-7)$$

$$\mathrm{fitness}(X_i) = \begin{cases} \dfrac{1}{1 + J(X_i)}, & J(X_i) \geqslant 0 \\ 1 + |J(X_i)|, & J(X_i) < 0 \end{cases} \quad (4-8)$$

式中，$l_j$ 和 $u_j$ 分别是 $x_{ij}$ 的最小、最大边界；$\mathrm{fitness}(X_i)$ 是航迹的适应度函数；$J(X_i)$ 表示代价函数。

邻域搜索方程如下：

$$v_{ij} = x_{ij} + \mathrm{rand}(-1,1) \cdot (x_{ij} - x_{kj}) \quad (4-9)$$

式中，$v_{ij}$ 为在邻域进行搜索得到的新航迹点；$x_{ij}$ 为原航迹点；$x_{kj}$ 为不同于 $x_{ij}$ 的其他航迹点。

轮盘赌产生的选择概率由式（4-10）给出：

$$p_i = \frac{\mathrm{fitness}(X_i)}{\displaystyle\sum_{n=1}^{N} \mathrm{fitness}(X_n)} \quad (4-10)$$

式中，$p_i$ 为人工蜂选择第 $i$ 条航迹的概率；$\mathrm{fitness}(X_i)$ 为第 $i$ 条航迹的适应度值。

2. 改进策略

ABC 算法采用全局搜索和邻域搜索相结合的方式来进行航迹优化，在接近全局最优解时存在搜索效率降低、早熟甚至陷入局部极值的缺点，并且规划出来的航迹是由坐标点组成的，拐角处存在航迹曲折的问题。针对以上问题，提出了基于高斯变异、混沌扰动和 B 样条优化的改进 ABC 算法：高斯变异能提高算法的邻域搜索能力、提高寻优精度；混沌扰动避免算法陷入局部极值，增强全局搜索能力；最后利用 B 样条曲线对规划航迹进行优化，形成连接起始点和目标点的光滑航迹。

（1）高斯变异。

高斯变异是用正态分布随机数来代替原来的参数值进行变异操作，公式为

$$mut(X_i) = X_i \cdot [1 + N(\mu, \sigma^2)] \qquad (4-11)$$

式中，$X_i$ 为原始解；$mut(X_i)$ 为变异后的解；$N(\mu, \sigma^2)$ 表示期望为 $\mu$、方差为 $\sigma^2$ 的正态分布随机数。

由式（4-11）可以看出，高斯变异重点搜索原始解附近的局部区域，能够明显提高搜索精度。

（2）混沌扰动。

混沌现象是一种非线性现象，利用混沌序列对陷入局部极值的个体进行扰动，能够促使算法避免局部极值的限制继续搜索，以便寻找全局最优解。

对个体进行混沌扰动的公式如下：

$$newX_i' = (X_i + newX_i)/2 \qquad (4-12)$$

式中，$newX_i'$ 为混沌扰动后的个体；$X_i$ 为需要进行混沌扰动的个体；$newX_i$ 为混沌扰动量，由式（4-13）确定：

$$newX_i = l_j + (u_j - l_j) \cdot X_i' \qquad (4-13)$$

式中，$l_j$ 和 $u_j$ 分别为 $x_{ij}$ 的最小、最大边界；$X_i'$ 为 Tent 映射所产生的混沌变量，其定义如下：

$$X_i' = \begin{cases} 2x_{ij}, & 0 \leqslant x_{ij} \leqslant 0.5 \\ 2(1-x_{ij}), & 0.5 < x_{ij} \leqslant 1 \end{cases} \quad j = 1, 2, \cdots, D \qquad (4-14)$$

（3）B 样条曲线航迹优化。

B 样条标准算法是由 de Boor[147] 于 1972 年提出来的，它避免了 Bézier 曲线灵活性差、不易控制、局部修改困难的缺陷，并保留了其优点，故在实际工程中得到了广泛的应用。

$P$ 次 B 样条曲线的定义如下[148]：

$$P(t) = \sum_{i=1}^{n} N_{i,p}(t)P_i \quad t \in [0,1] \qquad (4-15)$$

式中，$n$ 为控制点个数；$P_i$ 表示第 $i$ 个控制点；$N_{i,p}(t)$ 为 B 样条基函数[149]，其定义为

$$N_{i,0}(t) = \begin{cases} 1, & t \in [t_i, t_{i+1}] \\ 0, & \text{其他} \end{cases} \qquad (4-16)$$

$$N_{i,p}(t) = \frac{t - t_i}{t_{i+p} - t_i} N_{i,p-1}(t) + \frac{t_{i+p+1} - t}{t_{i+p+1} - t_{i+1}} N_{i+1,p-1}(t) \qquad (4-17)$$

B 样条曲线是分段多项式曲线，并且具有仿射不变性、凸包性和局部修改性。当移动控制点 $P_i$ 时，只改变曲线 $P(t)$ 在区间 $[t_i, t_{i+p+1})$ 上的形状。

三次 B 样条曲线参数方程的矩阵形式由式（4 – 18）给出，图形如图 4 – 2 所示，式中 $t \in [0, 1]$。

$$P(t) = \frac{1}{6} \begin{bmatrix} 1 & t & t^2 & t^3 \end{bmatrix} \begin{bmatrix} 1 & 4 & 1 & 0 \\ -3 & 0 & 3 & 0 \\ 3 & -6 & 3 & 0 \\ -1 & 3 & -3 & 1 \end{bmatrix} \begin{bmatrix} P_0 \\ P_1 \\ P_2 \\ P_3 \end{bmatrix} \qquad (4-18)$$

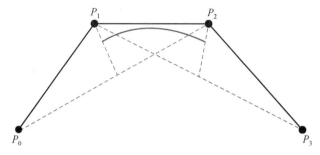

图 4 – 2　三次 B 样条曲线

（4）改进人工蜂群算法流程。

首先采用 ABC 算法进行搜索迭代，完成一次迭代后，计算个体的适应度值和种群的平均适应度值，然后对适应度值大于平均适应度值的个体进行高斯变异，如果变异后的个体优于原始个体，则变异后的个体替代变异前的个体，否则不进行替代；对适应度值小于平均适应度值的个体进行混沌扰动并计算扰动后个体的适应度值，若扰动后的个体优于扰动前的个体，则扰动后的个体替代之前的个体，否则不替换。最后判断是否满足迭代终止条件，若满足，则结束循环并输出规划航迹，否则继续循环计算。得到改进人工蜂群算法规划的初始航迹后，用三次 B 样条对航迹进行优化得到最终航迹。改进 ABC 算法流程如图 4 – 3 所示。

（5）收敛性分析。

定义：$A$ 为人工蜂可行解空间；$Y$ 为人工蜂状态；人工蜂所有状态集合构成人工蜂状态空间 $Y = \{Y | Y \in A\}$；人工蜂群状态记为 $s = (Y_1, Y_2, \cdots, Y_{SN})$，$SN$ 为蜂群数目；人工蜂群所有状态集合构成人工蜂群状态空间，记

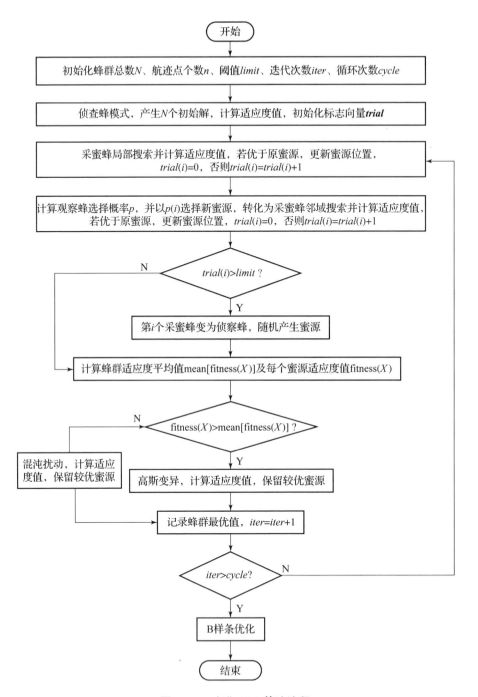

图 4-3 改进 ABC 算法流程

为 $S=(\{s=(Y_1,\ Y_2,\ \cdots,\ Y_{SN})\mid Y_i\in Y,\ 1\leqslant i\leqslant SN\}$；改进人工蜂群最优状态集为 $G=\{s^*=(Y)\mid f(Y)=f(g^*),\ s\in S\}$。

**定理 1**：改进 ABC 算法中人工蜂群的状态序列 $\{s(t):t>0\}$ 是有限齐次 Markov 过程。

**证明**：对 $\forall Y_i\in s$，$\forall Y_j\in s$，人工蜂由状态 $Y_i$ 一步转移到 $Y_j$ 表示为 $T_s(Y_i)=Y_j$，结合算法的几何性质，转移概率可以表示为

$$p[T_s(Y_i)=Y_j]=\begin{cases}p_{em}[T_s(Y_i)=Y_j], & \text{采蜜蜂过程}\\ p_{on}[T_s(Y_i)=Y_j], & \text{观察蜂过程}\\ p_{sc}[T_s(Y_i)=Y_j], & \text{侦察蜂过程}\\ p_{ga}[T_s(Y_i)=Y_j], & \text{高斯变异过程}\\ p_{ch}[T_s(Y_i)=Y_j], & \text{混沌扰动过程}\end{cases}\qquad(4-19)$$

式中，

$$p_{em}[T_s(Y_i)=Y_j]=\begin{cases}\dfrac{1}{|Y_i-Y_k|}p_1(y_i\to y_j), & Y_j\in[Y_i-(Y_i-Y_k),Y_i+(Y_i-Y_k)]\\ 0, & \text{其他}\end{cases}$$

$$p_1(y_i\to y_j)=\begin{cases}1, & f(y_j)<f(y_i)\\ 0, & f(y_j)\geqslant f(y_i)\end{cases}$$

$$p_{on}[T_s(Y_i)=Y_j]$$
$$=\begin{cases}\dfrac{1}{|Y_i-Y_k|}p_1(y_i\to y_j), & Y_j\in[Y_i-(Y_i-Y_k),Y_i+(Y_i-Y_k)]\cap\text{rand}[0,1]<P_i\\ 0, & \text{其他}\end{cases}$$

$$p_{sc}[T_s(Y_i)=Y_j]=\begin{cases}\dfrac{1}{|Y_{\max}-Y_{\min}|}, & Y_j\in[Y_{\max},Y_{\min}]\cap Y_i,\text{迭代次数 } iter>limit\\ 0, & \text{其他}\end{cases}$$

$$p_{ga}[T_s(Y_i)=Y_j]=\begin{cases}\displaystyle\int_{-\infty}^{N(\mu,\sigma^2)}\dfrac{1}{\sigma\sqrt{2\pi}}e^{\frac{1}{2}\left(\frac{x-\mu}{\sigma}\right)^2}dx, & \text{fitness}(Y_j)>\text{fitness}(Y)\text{平均值}\\ 0, & \text{其他}\end{cases}$$

$$p_{ch}[T_s(Y_i)=Y_j]=\begin{cases}\dfrac{1}{|Y_i-Y_k|}p_1(y_i\to y_j), & \text{fitness}(Y_j)<\text{fitness}(Y)\text{平均值}\\ 0, & \text{其他}\end{cases}$$

对 $\forall s_i\in S$，$\forall s_j\in S$，人工蜂群由状态 $s_i$ 一步转移到 $s_j$ 记作 $T_s(s_i)=s_j$，转移概率计算公式为

$$p(T_s(s_i) = s_j) = \prod_{m=1}^{SN} p[T_s(Y_{im}) = Y_{jm}] \tag{4-20}$$

改进 ABC 算法搜索空间有限，人工蜂状态 $Y_i$ 也有限，所以人工蜂的状态空间 $\boldsymbol{Y}$ 是有限的；又因为一个人工蜂群的状态是 $s = (Y_1, Y_2, \cdots, Y_{SN})$，$SN$ 为有限的正整数，所以整个人工蜂群的状态空间 $S$ 也是有限的。

由式（4-20）可知，在人工蜂群状态序列 $\{s(t):t > 0\}$ 中，对 $\forall s(t-1) \in S$，$\forall s(t) \in S$，其状态转移概率 $p[T_s(s(t-1))] = s(t)$ 只与人工蜂的转移概率 $p[T_s(Y(t-1))] = Y(t)$ 有关；由式（4-19）可知，任一人工蜂的状态转移概率 $p[T_s(Y(t-1))] = Y(t)$ 只与 $t-1$ 的状态 $Y(t-1)$、食物源 $X_k$、随机概率因子和目标函数的最大值、最小值有关，故 $p[T_s(s(t-1))] = s(t)$ 也仅与 $t-1$ 时刻的状态有关，即人工蜂群状态序列 $\{s(t):t > 0\}$ 具有 Markov 性。又由于人工蜂群状态空间是可列集，故是有限 Markov 链。由式（4-19）可以看出，$p[T_s(Y(t-1)) = Y(t)]$ 仅与 $t-1$ 的状态 $Y(t-1)$ 有关而与时刻 $t-1$ 无关，故改进 ABC 算法中人工蜂群的状态序列 $\{s(t):t > 0\}$ 是有限齐次 Markov 链。

（1）随机算法收敛准则[151]。

设待优化问题 $\langle A, \text{fitness} \rangle$，随机算法 $D$，第 $k$ 次迭代结果为 $x_k$，第 $k+1$ 次迭代结果为 $x_{k+1} = D(x_k, \zeta)$，其中，$A$ 为解空间，fitness 为适应度函数，$\zeta$ 为迭代过程中搜索到的解。

在 Lebesgue 测度空间定义搜索的下确界为

$$\psi = \inf(t : v[x \in A | f(x) < t] > 0) \tag{4-21}$$

式中，$v[x]$ 表示在集合 $x$ 上的 Lebesgue 测度。所以，定义最优区域为

$$R_{\varepsilon,M} = \begin{cases} \{x \in A | f(x) < \psi + \varepsilon\}, & \psi \text{ 有限} \\ \{x \in A | f(x) < -M\}, & \psi = -\infty \end{cases} \tag{4-22}$$

式中，$\varepsilon > 0$；$M$ 为无穷大的正数，若算法 $D$ 能从 $R_{\varepsilon,M}$ 中找到一个点，那么算法便找到了全局最优解或近似全局最优解。

**假设 1**：$f[D(x,\zeta)] \leqslant f(x)$，若 $\zeta \in A$，则有 $f[D(x,\zeta)] \leqslant f(\zeta)$。

**假设 2**：对于 $A$ 的任意 Borel 子集 $B$，s.t. $v[B] > 0$，则有 $\prod_{k=0}^{\infty}(1 - u_k[B]) = 0$，式中 $u_k[B]$ 是算法 $D$ 第 $k$ 次搜索到的解在 $B$ 上的概率测度。

（2）全局收敛的充要条件[152]。

设 $f$ 是可测的，并且可测空间 $A$ 是 $\boldsymbol{R}^n$ 上可测度的子集，算法 $D$ 满足假设 1 和假设 2，$\{x_k\}_{k=0}^{\infty}$ 是 $D$ 搜索到的解的序列，则有

$$\lim_{k \to \infty} P(x_k \in \boldsymbol{R}_{\varepsilon,M}) = 1 \tag{4-23}$$

式中，$P(x_k \in \boldsymbol{R}_{\varepsilon,M})$ 是算法 $D$ 第 $k$ 步的解 $x_k$ 在 $\boldsymbol{R}_{\varepsilon,M}$ 中的概率测度。

**引理**[152]　假设 Markov 链存在一个非空集合 $C$，并且不存在另外非空闭集 $E$，使 $C \cap E = \varnothing$，那么当 $n \to \infty$ 时，若 $j \in C$，则 $\lim_{n \to \infty} P(x_n = j) = \pi_j$；若 $j \notin C$，则 $\lim_{n \to \infty} P(x_n = j) = 0$。

**定理 2**：改进 ABC 算法具有全局收敛性。

**证明**：改进 ABC 算法在迭代过程中进行贪婪选择，保留群体最优位置，满足假设 1。

设 $\forall s_i \in G$，$\forall s_i \notin G$，由 C－K 方程可得

$$p^l_{s_i,s_j} = \sum_{s_r \in s} \cdots \sum_{s_{l-1} \in s} p[T_s(s_i) = s_{r_1}] \times p[T_s(s_{r_1}) = s_{r_2}] \cdots p[T_s(s_{r_{l-1}}) = s_j] \tag{4-24}$$

式中，$p^l_{s_i,s_j}$ 表示蜂群由状态 $s_i$ 经过 $l$ 步转移到 $s_j$ 的概率，且 $l \geq 1$。式（4－24）中至少一项包含 $p[T_s(s_{c-1}) = s_c]$，且满足 $s_{c-1} \in G$，$s_c \notin G$，其中 $1 \leq c \leq l$，由式（4－20）可得蜂群转移概率：

$$p[T_s(s_{c-1}) = s_c] = \prod_{m=1}^{SN} p[T_s(Y_{im}) = Y_{jm}] \tag{4-25}$$

因为 $f(Y_c) > f(Y_{c-1}) = f(g^*)$，所以至少存在 $p[T_s(s_{r_{c-1}}) = s_{r_c}] = 0$，故 $p^l_{s_i,s_j} = 0$，$G$ 是 $S$ 上的一个闭集。并且，改进人工蜂群状态的 Markov 链是不可约的，在其状态空间 $S$ 中不存在除 $G$ 以外的其他闭集。

改进人工蜂群算法满足引理，所以当改进人工蜂群算法迭代无穷次时，蜂群状态不在最优状态集的概率为 0，满足假设 2。

由随机算法收敛性准则可知，改进 ABC 算法具有全局收敛性。

## 4.1.3　仿真分析

为了验证改进人工蜂群算法的性能，在图 4－1 所示的城市环境空间模型中分别对改进 ABC 算法、传统 ABC 算法进行 100 次仿真实验，航迹规划结果如图 4－4 所示，表 4－1 列出了代价函数值，代价函数变化由图 4－5 给出。

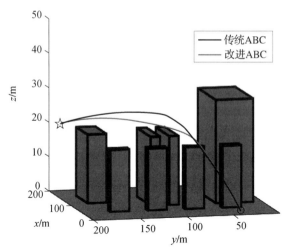

图 4 - 4　规划航迹结果

表 4 - 1　代价函数值

| 项目 | 传统 ABC | 改进 ABC |
|---|---|---|
| 最大值 | 7 326. 84 | 6 539. 30 |
| 最小值 | 6 803. 21 | 6 519. 82 |
| 平均值 | 7 016. 54 | 6 523. 79 |
| 方差 | 11 854. 29 | 16. 09 |
| 极差 | 523. 63 | 19. 48 |

　　由图 4 - 4 并且结合表 4 - 1 的数据可以看出，传统 ABC 算法规划航迹曲折，航迹距离长，并且转弯角度大，航迹代价的平均值、方差均大于改进 ABC 算法；改进 ABC 算法的航迹长度和平滑度都是最优的，代价函数平均值、方差和极差最小，特别是方差和极差远小于 ABC 算法，这表明改进 ABC 算法的全局搜索能力和邻域搜索能力都较强，算法稳定性好。此外，由于采用了 B 样条法对航迹进行平滑处理，改进人工蜂群算法没有明显的转折点，都是通过光滑的曲线进行连接，明显提高了航迹的可跟踪性。

　　由图 4 - 5 可以看出，改进 ABC 算法由于高斯变异和混沌扰动发挥作用，代价函数值下降速度大于 ABC 算法，搜索能力强；在算法搜索的后期，ABC 算法在迭代 1 000 次左右才能接近最优解，而改进 ABC 算法只需要 300 次左右就能趋向最优航迹。这是因为每次迭代过程中，高斯变异提高了算法搜索的精度，另外陷入局部极值的蜜蜂产生混沌序列，以此序列对个体进行混沌扰动，使算法跳出限制继续搜索。这两种改进方式在加快算法收敛速度的同时也提高了算法的收敛精度，使代价函数平均值由传统 ABC 算法的 7 016.54 下降到 6 523.79。

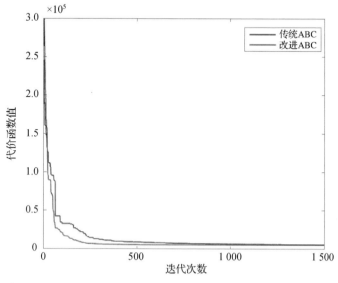

图 4 - 5　代价函数值（书后附彩插）

# 4.2　基于 HDSO - RRT 算法的单机在线避障航迹规划

## 4.2.1　性能约束

规划航迹必须满足四旋翼无人机的动态性能约束，否则规划的航迹不可行，其中主要动态性能约束如下：

最远飞行距离约束 $L_{max}$：四旋翼无人机飞行过程中携带能量有限，飞行距离必然受到能量限制，为了安全起见，必须设置最远飞行距离。设四旋翼无人机的航迹由航迹段 $\{l_i | i = 1, 2, \cdots, n\}$ 组成，该约束可表示为

$$\sum_{i=1}^{n} \| l_i \| \leqslant L_{max} \tag{4-26}$$

式中，$\| l_i \|$ 为第 $i$ 段飞行距离；$L_{max}$ 为最远飞行距离。

飞行高度约束 $H$：四旋翼无人机正常飞行时，受到自身性能的约束，存在最大飞行高度，同时飞行高度也不能过低，过低飞行时容易与地面发生碰撞，所以四旋翼无人机的飞行高度应在一定范围内，飞行高度的约束可以表示为

$$H_{\min} \leqslant H_i \leqslant H_{\max} \qquad (4-27)$$

式中，$H_{\min}$ 为最小飞行高度；$H_i$ 为航迹点 $i$ 的高度；$H_{\max}$ 为最大飞行高度。

最短直飞距离约束 $L_{\min}$：为了保证无人机飞行更加安全，无人机调整姿态之前必须保持一定的直飞距离，直飞距离小于一定值时无人机发生危险的概率就会增加。最小直飞距离约束可以表示为

$$\| l_i \| \geqslant L_{\min} \qquad (4-28)$$

式中，$\| l_i \|$ 代表第 $i$ 段的直线飞行距离；$L_{\min}$ 表示最短直飞距离。

由于四旋翼无人机能够悬停，所以不受转弯角度和转弯半径的约束，故本书仿真中不考虑四旋翼无人机转弯角度和转弯半径的约束。

## 4.2.2　RRT 算法和人工势场法简介

### 1. RRT 算法

RRT 算法是由 S. M. LaValle 于 1998 年提出的基于采样的增量式搜索算法[153]，包括随机树生长阶段和航迹反向搜索阶段。随机树生长过程如图 4-6 所示。该算法以起始点 $P_{\text{start}}$ 为根节点；在任务空间中随机搜索产生扩展方向点 $P_{\text{rand}}$；然后在现有随机树中选取离 $P_{\text{rand}}$ 距离最近的点作为叶节点 $P_{\text{near}}$；在叶节点和扩展方向点之间距叶节点步长 $\varepsilon$ 的位置选取点 $P_{\text{new}}$ 作为待扩展节点；若 $P_{\text{near}}$ 与 $P_{\text{new}}$ 之间没有障碍物，则 $P_{\text{new}}$ 作为新节点扩展到随机树中，否则舍弃 $P_{\text{new}}$，在空间中随机搜索产生新的扩展方向点 $P_{\text{rand}}$。随机树不断生长，直到搜索到目标点或者到目标点的距离小于阈值时终止。然后，算法从离目标点最近的叶节点反向搜索，形成贯穿目标点和起始点的可行航迹。

RRT 算法在空间中遍历搜索，在连通的空间中一定能规划出一条连接起始点和目标点的可行航迹，但是这种遍历搜索具有很大的随机性和盲目性，使算法实时性降低，并且产生过多的冗余节点，规划航迹曲折，增加四旋翼无人机机动动作，降低航迹可跟随性。为了提高搜索速度，增加航迹平滑度，同时减少航迹优化时间，提高算法实时性，本书从引导方式、航迹点裁剪和航迹平滑三个方面进行改进。

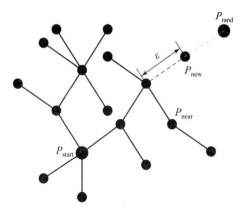

图 4 - 6　随机树生长过程

## 2. 人工势场法

1986 年，Khatib 提出了人工势场法[154]，该算法具有运算量小、实时性强的优点，其核心是势能场函数的建立，函数建立方法比较灵活，可以根据任务空间的实际情况建立。Khatib 建立的经典势场函数由式（4 -29）、式（4 -30）给出：

$$U_G(p) = \frac{1}{2}k\,(p - p_G)^2 \tag{4-29}$$

$$U_O(p) = \begin{cases} \dfrac{1}{2}\eta\left(\dfrac{1}{\rho} - \dfrac{1}{\rho_0}\right), & \rho \leqslant \rho_0 \\ 0, & \rho > \rho_0 \end{cases} \tag{4-30}$$

式中，$U_G(p)$ 是 $p$ 点的引力场；$U_O(p)$ 是 $p$ 点的斥力场；$k$，$\eta > 0$ 分别为引力场系数和斥力场系数；$\rho$ 为四旋翼无人机与障碍物之间的直线距离；$\rho_0$ 为一阈值。四旋翼无人机在势能场中受到的合力表达式为

$$F(p) = F_G(p) + \sum_{i=1}^{n} F_{Oi}(p) = -\nabla U_G(p) + \sum_{i=1}^{n}\left[-\nabla U_{Oi}(p)\right] \tag{4-31}$$

式中，$F_G(p)$ 是四旋翼无人机在 $p$ 点引力场产生的引力，其为引力场的负梯度；$F_{Oi}(p)$ 为第 $i$ 个障碍物在 $p$ 点产生的斥力，是 $p$ 点处斥力场的负梯度。四旋翼无人机在势能场中受力情况如图 4 -7 所示。其中，$O_i$ 表示第 $i$ 个障碍物，$P_G$ 是目标点。人工势场法的性能完全由势场函数决定，但势场函数存在陷入局部极值的缺点。

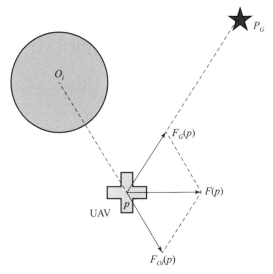

图 4 - 7　四旋翼无人机在势能场中受力情况

### 4.2.3　RRT 算法与人工势场法比较

为了确定单架四旋翼无人机在线避障航迹规划方法, 在图 4 - 1 所示的航迹规划空间中, 将 RRT 算法与人工势场法进行比较, 规划结果如图 4 - 8 所示。

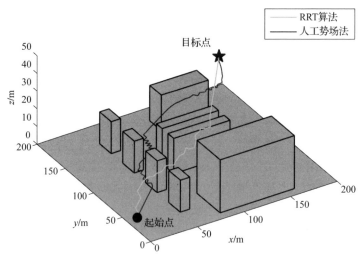

图 4 - 8　RRT 算法与人工势场法规划航迹比较

从图中可以看出，RRT 算法和人工势场法都能规划一条连接起始点和目标点的完整航迹。但是，由于 RRT 算法在规划空间中随机搜索，航迹比较曲折，产生许多冗余的节点，不利于四旋翼无人机的飞行。人工势场法规划的航迹在接近障碍物时存在明显的振荡现象，这是由四旋翼无人机受力不稳定引起的，振荡现象严重降低航迹的可跟随性，影响四旋翼无人机的飞行安全。为比较两种算法的性能，分别进行 100 次仿真实验，选定规划时间、航迹长度和转弯角度三个指标，计算其最大值、最小值、平均值和方差并进行比较，实验数据由表 4 – 2 给出，图 4 – 9、图 4 – 10、图 4 – 11 对实验数据进行分析比较。为了方便画图比较，图 4 – 10 中的方差扩大了 10 倍。

表 4 – 2　比较结果

| 项目 | RRT 算法 | | | 人工势场法 | | |
| --- | --- | --- | --- | --- | --- | --- |
| | 规划<br>时间/s | 航迹<br>长度/m | 转弯<br>角度/(°) | 规划<br>时间/s | 航迹<br>长度/m | 转弯<br>角度/(°) |
| 最大值 | 0. 238 415 | 388. 924 | 148. 46 | 0. 309 429 | 383. 648 | 138. 059 |
| 最小值 | 0. 094 713 | 373. 9 | 136. 714 | 0. 249 666 | 383. 648 | 138. 059 |
| 平均值 | 0. 183 557 | 380. 778 2 | 142. 459 7 | 0. 255 89 | 383. 648 | 138. 059 |
| 方差 | 0. 057 7 | 36. 726 68 | 76. 040 51 | $4.09E – 05$ | $1.17E – 25$ | $8.16E – 26$ |

由图 4 – 9 可以看出，RRT 算法规划时间的最大值比人工势场法规划时间的最小值还要小，结合表 4 – 2 可以计算出，人工势场法是 RRT 算法的 1. 39 倍；人工势场的方差是由外部运行环境引起的，而 RRT 算法的方差是由外部运行环境和算法两方面共同作用的结果，并且算法因素是引起方差的主要因素。虽然 RRT 算法方差明显大于人工势场法，但是 RRT 算法的实时性优于人工势场法，更容易满足四旋翼无人机在线避障航迹规划的要求。

图 4 – 10 表明，RRT 算法规划航迹长度的平均值小于人工势场法，这说明人工势场法存在的振荡现象对航迹长度有较大影响；人工势场法每次规划航迹都相同，故方差为零，而 RRT 算法是一种随机算法，每次航迹规划结果都不同，存在较大方差，故其稳定性不如人工势场法。

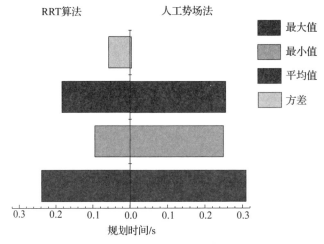

图4-9 规划时间比较

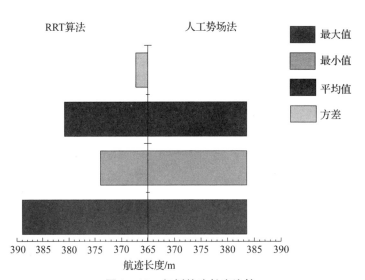

图4-10 规划航迹长度比较

由图4-11可以看出，RRT算法和人工势场法规划航迹的转弯角度非常接近，人工势场法转弯角度的平均值是138.059°，而改进RRT算法转弯角度的平均值为142.4597°，但是RRT算法的方差为36.73，而由于人工势场法为确定性算法，所以方差为0，稳定性比RRT算法好。综合比较，在转弯角度方面，RRT算法与人工势场法各有优点，总体性能非常接近。

通过仿真实验，可以得出RRT算法与人工势场法的特点以及两者的区别，如表4-3所示。

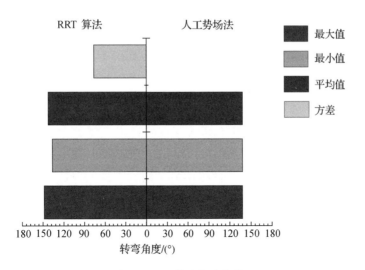

图 4 –11　转弯角度比较

表 4 –3　算法比较

| 评价指标 | RRT 算法 | 人工势场法 |
|---|---|---|
| 最优性 | 随机性算法,只能规划可行航迹,不能规划最优航迹 | 规划局部最优航迹,无法规划整体最优航迹 |
| 航迹冗余 | 原始算法存在大量冗余节点,需进行改进 | 算法在障碍物附近存在振荡现象,产生大量冗余节点 |
| 适应性 | 适应任何规划环境,特别是高维规划环境中优势明显 | 环境复杂时存在规划不出航迹的情况 |
| 实时性 | 实时性好,规划速度快,高维规划环境优势明显 | 实时性不如 RRT 算法 |
| 航迹长度 | 随机性算法,航迹长度不确定,存在较大方差 | 规划航迹方差为 0,航迹长度确定,但不是最优 |
| 转弯角度 | 算法航迹曲折,平滑度差;方差大,稳定性不如人工势场法 | 航迹平滑度平均值不如 RRT 算法,但是稳定性好 |

　　四旋翼无人机的在线避障航迹规划,首先应考虑的是算法的实时性,以上比较结果表明,在规划时间和规划航迹长度方面,RRT 算法均优于人

工势场法；在转弯角度方面，两种算法各有优势，RRT 算法规划航迹稍微平滑一些，而人工势场法的方差为 0，稳定性更好。故相较于人工势场法，RRT 算法更适合应用于四旋翼无人机的在线避障航迹规划。

## 4.2.4　HDSO – RRT 算法

由图 4 – 8 可以看出，RRT 算法存在航迹点大量冗余、航迹曲折的缺点，需要进行改进。文献［155］提出了合成向量的方法，同时考虑算法的搜索性和引导性，但这只是一种折中的方法，无法同时改善算法的搜索性和引导性；文献［156］提出了动态步长的方法，规划航迹在障碍物附近有更好的平滑性，但是搜索遍历整个空间，缺乏引导性。为了同时改善算法的引导性和航迹的平滑度，借鉴文献［153］双层启发式搜索策略的思想，提出了启发式双层平滑优化 RRT（Heuristic Double – layer Smoothing Optimized RRT，HDSO – RRT）算法——HDSO – RRT 算法，该改进算法采用概率对随机树的生长进行引导，采用航迹点裁剪的方法去除冗余节点，采用 B 样条方法对航迹进行平滑处理，规划出适合四旋翼无人机飞行的可行航迹。

1. 概率引导

传统 RRT 算法在空间中随机搜索产生扩展方向点 $P_{rand}$，虽然有利于算法搜索未知区域，但是这种盲目的搜索方式产生很大冗余，浪费规划时间，降低算法的实时性。为此引入概率引导的方法，让随机树扩展方向点 $P_{rand}$ 以一定的概率 $\theta(0 < \theta < 1)$ 选择目标点。在障碍物较少的情况下，这种优化方法可以增加算法搜索的指向性，提高搜索效率，减少航迹点冗余，但是在障碍物较多的环境中，由于此方法减少了算法的选择性，导致搜索效率下降。$\theta$ 值的选取根据规划环境而定，合理的 $\theta$ 值可以在不失算法指向性的前提下提高算法的收敛速度，提高算法实时性。

2. 航迹点裁剪

航迹点裁剪的过程如图 4 – 12 所示，从起始点开始依次检测航迹中的点与起始点之间的连线是否有障碍物，如果没有障碍物则检测下一节点，若第 $i$ 个节点与起始点之间的直线穿过障碍物，则连接起始点与第 $i – 1$ 个节点作为航迹段的两个端点，然后以第 $i – 1$ 个节点为起始点依次检测该节点以后的节点，直到到达目标点，航迹点的裁剪结束，将新裁剪的航迹作为 RRT 算法规划的航迹。

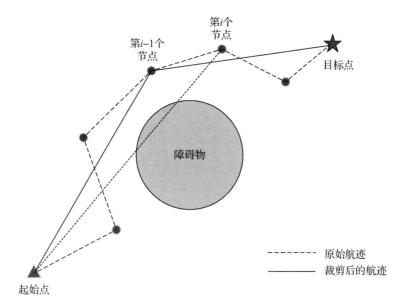

图 4 - 12　航迹点裁剪过程

航迹点的裁剪可以减掉大部分曲折的航迹点，只保留无人机避开障碍物所必需的航迹点，此优化步骤能明显减少无人机机动的次数，既能提高安全性，又能节省燃料，增加飞行距离。但是，在航迹段的连接处转弯角度较大，需要进一步平滑处理，为此引入了 B 样条优化。

3. B 样条航迹平滑

B 样条方法已经在 4.1.2 节进行了详细的介绍，在此不再赘述。B 样条航迹平滑是在完成航迹点裁剪的基础上，利用三次 B 样条曲线进行优化，用平滑的曲线来代替航迹点连接处的转折角。B 样条航迹平滑策略增加了航迹的平滑度，有利于满足四旋翼无人机的性能约束并增加航迹的可跟随性。

改进的 RRT 算法流程如图 4 - 13 所示。

## 4.2.5　仿真分析

为了验证分析本章提出的 HDSO - RRT 算法的性能，在图 4 - 1 所示的航迹规划空间模型中进行仿真验证，通过仿真实验确定改进 RRT 算法的重要参数——引导概率 $\theta$ 的取值，并与其他 RRT 改进方法进行比较，从算法规划时间、规划航迹长度和转弯角度三个方面进行综合比较。

1. 引导概率值的确定

引导概率 $\theta$ 对算法性能有重要影响，$\theta$ 取值过小不能发挥引导随机树生

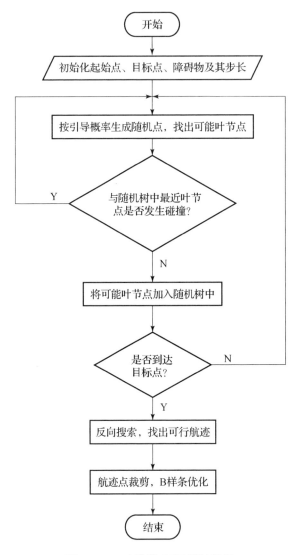

图 4 -13 改进的 RRT 算法流程

长的作用，$\theta$ 取值过大则会使算法丧失随机搜索性，导致航迹规划失败。为了确定在图 4 -1 所示航迹规划空间中 $\theta$ 的取值，在 $\theta \in [0, 1)$ 的范围内，每隔 0.1 对 $\theta$ 进行取值，进行 100 次仿真实验，统计并计算 HDSO – RRT 算法规划时间、规划航迹长度和航迹转弯角度的平均值和方差。$\theta$ 取不同值时，规划结果由图 4 – 14 给出，表 4 – 3 对 100 次仿真实验进行了统计，图 4 –15、图 4 –16 对数据进行处理，形成直观的柱状图。

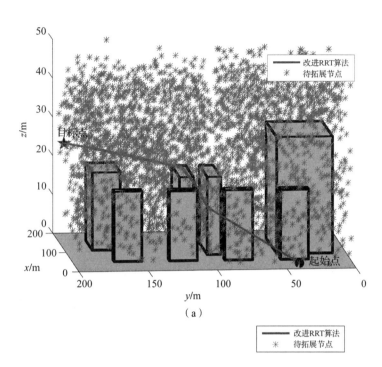

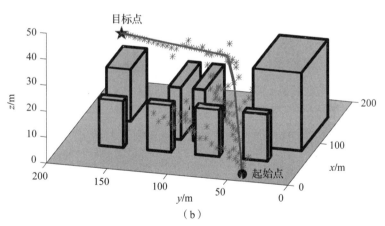

图 4 – 14 θ 取不同值时航迹规划结果

（a）θ = 0 时航迹规划结果；（b）θ = 0.5 时航迹规划结果

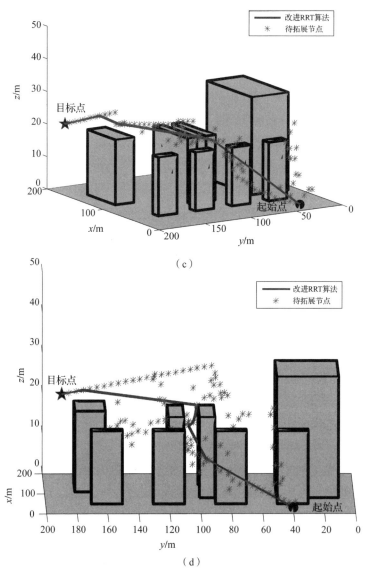

**图 4-14　θ 取不同值时航迹规划结果（续）**

（c）θ=0.6 时航迹规划结果；（d）θ=0.9 时航迹规划结果

由图 4-14 可以看出，当 θ 取不同值时，算法在搜索过程中待扩展节点的数量差别很大：θ=0 时，待扩展节点布满整个规划空间；θ=0.5 时，待扩展节点的数量最少，其次是当 θ=0.6 时；θ=0.9 时待扩展节点比 θ=0.6 时多，但是远远比不上 θ=0 时。待扩展节点数量表明了算法在规划空间中的搜索过程，间接体现了算法规划航迹的时间，具体数值参照表 4-4。

表 4 - 4　平均值、方差

| 项目 | 平均值 | | | 方差 | | |
|---|---|---|---|---|---|---|
| $\theta$ | 规划时间 /s | 航迹长度 /m | 转弯角度 /(°) | 规划时间 /s | 航迹长度 /m | 转弯角度 /(°) |
| 0 | 0.237 | 380.158 | 147.002 | 0.347 62 | 33.224 | 212.306 |
| 0.1 | 0.059 | 375.956 | 164.471 | 0.000 25 | 3.832 | 61.698 |
| 0.2 | 0.053 | 375.864 | 165.971 | 0.000 56 | 3.422 | 33.531 |
| 0.3 | 0.054 | 375.993 | 166.783 | 0.000 53 | 3.741 | 37.855 |
| 0.4 | 0.053 | 375.732 | 167.129 | 0.000 56 | 3.564 | 37.683 |
| 0.5 | 0.048 | 375.751 | 168.542 | 0.000 42 | 4.297 | 20.322 |
| 0.6 | 0.053 | 375.563 | 168.371 | 0.000 37 | 3.355 | 15.435 |
| 0.7 | 0.069 | 375.745 | 168.224 | 0.005 76 | 3.824 | 25.221 |
| 0.8 | 0.080 | 375.779 | 168.301 | 0.002 64 | 3.558 | 16.567 |
| 0.9 | 0.122 | 375.733 | 168.758 | 0.009 33 | 3.877 | 12.993 |

　　由图 4 - 15 可以看出，城市环境下的规划时间平均值先减小后增加，其中在 $\theta = 0.5$ 时规划时间取得最小值。这是因为当 $\theta$ 趋近 0 时，引导概率对随机树生长方向的引导作用减弱，特别地当 $\theta = 0$ 时，算法在任务空间中随机取点，随机树随机扩展，花费较长时间才能扩展到目标点；当 $\theta$ 趋近于 1 时，引导概率对随机树的生长有很强的引导作用，导致算法在空间中的随机搜索性降低，当碰到障碍物时，需要花费较长时间才能避开障碍物，扩展到目标点，特别地当 $\theta = 1$ 时，算法失去随机搜索性，通常不能避开障碍物并规划到达目标点的一条可行航迹。

　　由图 4 - 15、图 4 - 16 可以看出，规划时间的方差在 $0.1 < \theta < 0.6$ 时较小，稳定性较好。规划航迹的长度以及航迹长度的方差随着 $\theta$ 的增大而减小，这是因为随着 $\theta$ 的增大，引导概率对随机树生长的方向的引导作用增强；同时规划航迹的随机性减弱，稳定性增强。转弯角度平均值随 $\theta$ 的增大而增大，但是当 $\theta > 0.5$ 时，转弯角度增大不明显；转弯角度的方差随 $\theta$ 的增大而减小，同样当 $\theta > 0.5$ 时，方差减小不明显。这表明在如图 4 - 1 所示的城市环境下，当 $\theta = 0.5$ 时，转弯角度已经基本达到最大转弯角度，平滑度已经接近最优，同时每次规划的稳定性也较好。

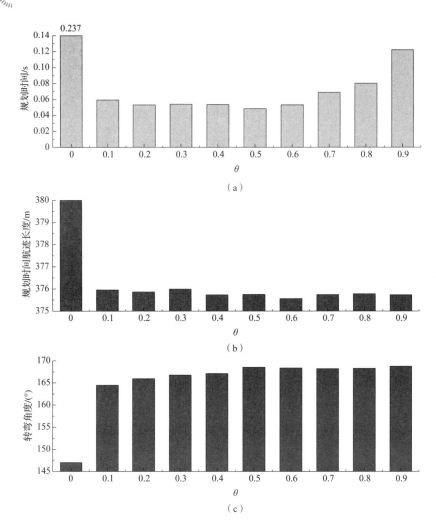

图 4 - 15 平均值

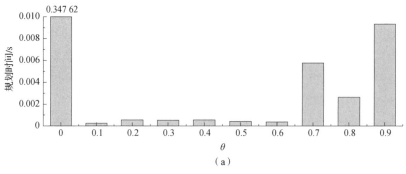

图 4 - 16 方差

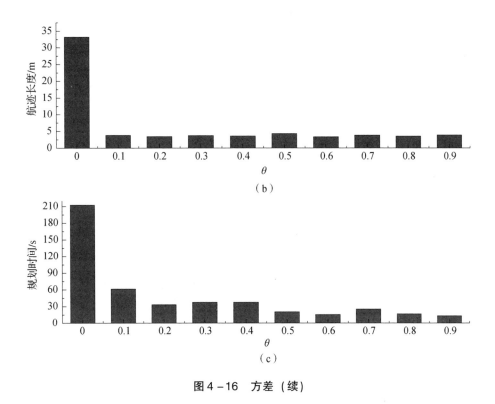

图 4-16　方差（续）

　　由以上分析可以看出，当 $\theta$ 在 0.5 附近时，HDSO-RRT 算法具有较好的性能，规划航迹时间较短，实时性好，规划航迹长度较短，转弯角度较大，航迹平滑度好，各项性能指标的方差较小，稳定性好。故在以后的仿真分析中，取 $\theta=0.5$。

　　基于 HDSO-RRT 算法的特点和分析结果，给出 HDSO-RRT 算法中引导概率 $\theta$ 的选取原则：当所要规划环境的障碍物比较复杂时，应该取较小的 $\theta$ 值，可以充分发挥 RRT 算法随机性强的特点，有利于快速绕过障碍物，避免碰撞；当所要规划的环境中障碍物较少时，应该取较大的 $\theta$ 值，可以对随机树的生长方向进行引导，避免算法在空间中随机取点，减少冗余的待扩展节点，更快地到达目标点，规划出可行航迹。通常，$\theta=0.5$ 能兼顾算法的搜索性和概率的引导性，规划效果较好。

　　**2. 与其他改进 RRT 方法之间的比较**

　　对 RRT 算法的改进，最典型的优化方法是加入引力使随机树尽可能朝目标点的方向生长来加快收敛速度，以及采用动态步长策略来改善算法实时性与航迹平滑度的矛盾。本小节将 HDSO – RRT 算法与启发式 RRT 算法、动态步长 RRT 算法进行比较,分析各种改进算法的特点。为此进行 100 次仿真实验,结果如图 4 – 17 所示,具体性能指标由表 4 – 5 给出,图 4 – 18 对数据进行了分析比较。

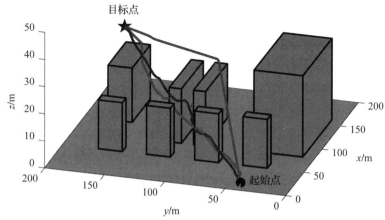

图 4 – 17 航迹规划结果

表 4 – 5 仿真结果

(a) 规划时间与航迹长度

| 项目 | 规划时间/s | | | | 航迹长度/m | | | |
|---|---|---|---|---|---|---|---|---|
| | 最大值 | 最小值 | 平均值 | 方差 | 最大值 | 最小值 | 平均值 | 方差 |
| 动态步长 RRT 算法 | 0.190 | 0.035 | 0.055 | 0.001 | 394.953 | 371.984 | 381.236 | 3.727 |
| 启发式 RRT 算法 | 0.183 | 0.008 | 0.018 | 0.002 | 398.461 | 374.240 | 385.457 | 4.146 |
| HDSO – RRT 算法 | 0.176 | 0.007 | 0.013 | 0.001 | 378.924 | 371.900 | 375.778 | 2.658 |

（b）航迹点数与转弯角度

| 项目 | 航迹点数/个 | | | | 转弯角度/(°) | | | |
|---|---|---|---|---|---|---|---|---|
| | 最大值 | 最小值 | 平均值 | 方差 | 最大值 | 最小值 | 平均值 | 方差 |
| 动态步长 RRT 算法 | 59 | 44 | 48.41 | 2.297 | 170.255 | 148.013 | 166.365 | 22.436 |
| 启发式 RRT 算法 | 48 | 38 | 42.62 | 2.889 | 171.032 | 150.516 | 165.884 | 24.158 |
| HDSO – RRT 算法 | 12 | 2 | 4.88 | 2.024 | 174.460 | 152.714 | 168.460 | 18.041 |

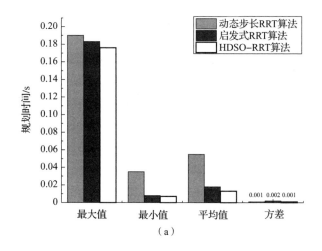

（a）

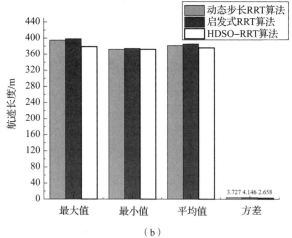

（b）

图 4 –18　比较结果

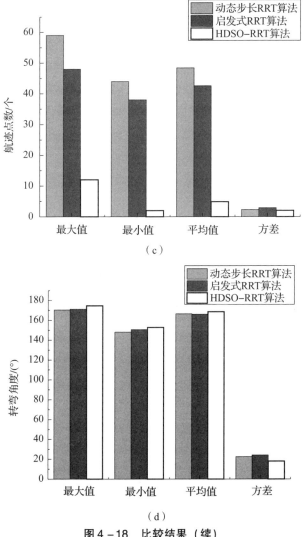

图 4-18　比较结果（续）

由图 4-17 可以看出，动态步长 RRT 算法和启发式 RRT 算法规划航迹曲折，航迹点数目多，而 HDSO - RRT 算法航迹平滑。这是由于动态步长 RRT 算法采用动态步长，在障碍物附近采用小步长搜索，而在远离障碍物的地方采用大步长搜索，这种搜索策略在一定程度上增加了障碍物附近的搜索精度，但是导致搜索的航迹点增多；启发式 RRT 算法对算法的搜索方向和随机树的生长方向进行向目标点的方向引导，提高了算法搜索的效率，但是没有对航迹进行优化；HDSO - RRT 算法利用随机概率对随机树的生长方向进行引导，提高搜索效率，规划完航迹后对航迹点进行裁剪，只保留避开障碍物所必需的节点，并且在航迹段连接处用三次 B 样条曲线进行优化，得到平滑的航迹。

由表 4 - 5，并且结合图 4 - 18 可以看出，在规划时间方面，HDSO - RRT 算法比动态步长 RRT 算法和启发式 RRT 算法短，这是由于 HDSO - RRT 算法在随机树的生长过程中具有很强的引导性，减少了不必要的搜索过程；在规划航迹长度方面，HDSO - RRT 算法规划航迹最短，其次是动态步长 RRT 算法，同时 HDSO - RRT 算法的方差最小，表明 HDSO - RRT 算法稳定性更好；在航迹点个数方面，HDSO - RRT 算法远小于另外两种算法，这充分表明了航迹点裁剪的作用，大大减少了四旋翼无人机机动次数，有利于降低油耗并提高安全性；在转弯角度上，三种算法差别不大，HDSO - RRT 算法转弯角度稍微大一点，同时方差最小，航迹平滑度最好。

总体来说，在航迹点个数方面，HDSO - RRT 算法具有明显优势；相较于启发式 RRT、动态步长 RRT 算法，HDSO - RRT 算法在航迹规划时间、航迹长度和转弯角度方面均占有一定优势，综合性能最好，适合应用于四旋翼无人机离线避障航迹规划。

3. 突发障碍物威胁避障航迹规划

当四旋翼无人机按照规划的航迹飞行，航迹上突然出现障碍物时，四旋翼无人机必须具有重新规划航迹的能力，才能保证飞行安全。根据规划方式的不同，突发威胁的避障航迹规划可以分为两种类型：一种是检测到障碍物后，放弃原先的航迹，以当前位置为起始点、目标点为终点，重新规划一条避开障碍物的安全航迹；另外一种是检测到障碍物后，以当前位置为起始点，只规划避开障碍物的航迹，绕过障碍物后再返回原来的航迹。本章以 HDSO - RRT 算法作为避障航迹规划算法，分别对两种类型的突发威胁避障航迹规划进行了仿真实验，仿真结果如图 4 - 19、图 4 - 20 所示。

图 4 - 19 中，四旋翼无人机按照原始航迹飞行，当运动到 "★" 处时，在原始航迹中突然检测到球形障碍物，为躲避障碍物，四旋翼无人机放弃了当前的航迹，以当前位置为起始点，重新规划一条到达目标点的航迹。图 4 - 20 中，当四旋翼无人机按照原始航迹飞行到 "★" 处时，检测到原始航迹中存在障碍物，此时四旋翼无人机只规划绕过障碍物的航迹，然后返回原始航迹中继续飞行。仿真结果表明，HDSO - RRT 算法能够在突发障碍物紧急避障航迹规划中规划一条绕开障碍物的可行航迹。

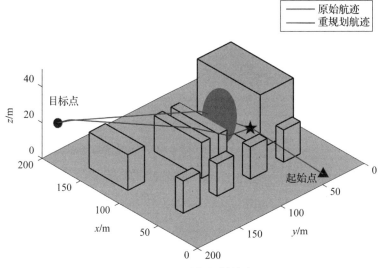

图 4 - 19　重新规划航迹

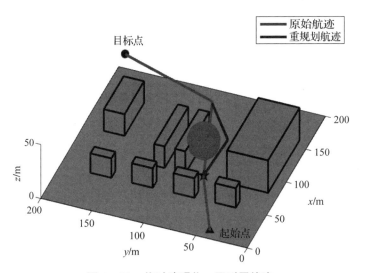

图 4 - 20　绕过障碍物，回到原航迹

通常，第一种类型的避障航迹不需要寻找新航迹接入原航迹的接入点，算法简单实用，但是规划距离较长，需要更长的规划时间；第二种类型的航迹规划距离较短，实时性更好。所以当四旋翼无人机检测到突发障碍物的点离目标点较远时选择第二种规划类型，当突发威胁障碍物离目标点较近时可以选择第一种规划类型。

## 4.3　本章小结

本章主要研究单架四旋翼无人机离线和在线航迹规划。针对离线航迹规划问题，首先对航迹规划问题进行了描述；然后对无人机避障航迹规划常用智能算法进行了介绍，根据任务需求及算法特点选取人工蜂群算法进行研究，并且针对算法寻优效率低、后期陷入局部极值、航迹曲折等问题，通过高斯变异、混沌扰动和 B 样条优化等方法进行改进；最后将改进的人工蜂群算法与传统人工蜂群算法进行仿真比较，结果表明，改进人工蜂群算法在收敛速度和收敛精度以及算法稳定性上均优于传统人工蜂群算法。针对在线航迹规划问题，通过分析与对比，重点研究了 RRT 算法。为了克服 RRT 算法随机搜索、收敛速度慢、规划航迹曲折的缺点，本章采用概率引导、航迹点裁剪和 B 样条优化的方法对算法进行改进，提出了 HDSO – RRT 算法。将 HDSO – RRT 算法与其他 RRT 改进方法进行仿真比较，结果表明，HDSO – RRT 算法规划时间、航迹长度和转弯角度得到一定提高，航迹点数量明显减少，综合性能较好。最后在突发障碍物威胁的避障航迹规划中验证了该改进算法的可行性。

# 第5章 四旋翼无人机编队
# 避障航迹规划方法

单架四旋翼无人机的续航时间和任务载荷都是有限的，无法满足日趋复杂的任务需求，无人机编队可以拓宽使用范围，提高效率，在民用、军用领域应用前景广阔，成为近年来研究的热点[157~159]。四旋翼无人机飞行高度低，受环境中障碍物的影响大，如果编队中的无人机之间或者编队无人机与障碍物之间发生碰撞，不仅会造成经济损失，还会直接导致任务失败。因此，增强四旋翼无人机编队避障能力是保证任务顺利完成的关键。

传统的编队控制方法有领航-跟随法、虚拟结构法和基于行为的方法。领航-跟随法结构比较简单，控制较为方便，但是鲁棒性差；虚拟结构法鲁棒性好，但是信息传输量大；基于行为的方法控制灵活，但是建模困难，不易实现。在编队控制中，通常每个个体只能获取邻近个体的信息而不能获取编队群体的全局信息，因此常用分布式控制方法来实现编队。而一致性方法[160]采用分布式信息交流，减小了数据传输量，增加了编队的鲁棒性和灵活性，并且具有很强的自组织和重构能力，受到学者的广泛关注。

很多学者对一致性方法进行研究，并取得一定的成果：文献［161］在一致性编队控制协议中增加偏差项来构造编队队形，并利用图论和矩阵理论证明了所提方法能实现预期编队；文献［162］研究了通信时延情况下一致性编队的控制协议，并通过 Lyapunov 稳定判据证明了该方法在通信时延下能够保持稳定；文献［163］考虑有向、无向两种作用拓扑结构、主体模型一般的控制系统和控制协议情境下，利用线性矩阵不等式的方法和 Nyquist 稳定判据证明有延迟的网络群系统的稳定性；文献［164］采用一致性理论实现了自动小车的编队控制；文献［165］利用一致性控制协议研究了多机器人系统的编队控制问题，实现了点、线等常用编队队形的控制。

但是在一致性编队控制方法中大多较少考虑系统编队避障的情况，限制了其在工程中的应用。文献［160］研究了网络延迟和时变拓扑约束下的编队问题，但是没有考虑避障的情况；文献［166］将人工势场引入一致性方法中，解决了水下机器人编队之间的避碰问题，但是没有考虑编队与障碍物的避碰问题。考虑到一致性方法利用状态偏差构造控制协议的思想与人工势场法通过势场构造控制协议的思想相似，本章在一致性控制协议的基础上引入势场的概念，利用势场产生的引力提高编队形成的效率，利用势场产生的斥力来实现四旋翼无人机间以及与障碍物之间的避障。

# 5.1　图论理论

图论以图为研究对象，是现代数学的一个重要分支。图是由若干顶点以及顶点之间称为边的线段组成的。图中顶点代表某种事物，顶点间的边代表事物间的某种联系。图论研究起源于瑞士数学家欧拉成功解决的格尼斯堡七桥问题。随着计算机性能的不断提高，图论理论已经成功应用于运筹学、计算机科学、信息论、控制论等诸多领域中。在多无人机编队问题中，可以根据无人机之间的信息交互过程，将多无人机系统建模成图的形式，进而用图论分析设计多无人机编队的一致性问题。下面介绍图论的相关定义及基本性质。

## 5.1.1　图的相关定义

图（graph）通常用 $G(V, E)$ 来表示。其中，符号 $V$ 表示有限非空点的集合，符号 $E$ 表示边的集合。图 $G$ 中的每个顶点都是集合 $V$ 中的一个元素。若集合 $V$ 含有 $n$ 个元素，则 $V$ 被表示为

$$V = \{v_1, v_2, \cdots, v_n\}$$

$E$ 中的每一个元素对应 $V$ 的一个二元无序对，记为 $E \in [V]^2$，如果 $e$ 是 $E$ 中的一个边，与边 $e$ 相连的两个顶点分别是 $u$ 和 $v$，则边 $e$ 常记作 $uv$ 或 $(u, v)$。如果第 $i$ 个顶点和第 $j$ 个顶点之间有信息传递，即存在边 $(v_i, v_j)$。若边 $(v_i, v_j) \in E(G)$ 为一对由顶点 $v_i$ 和 $v_j$ 构成的无序对，这条边不存在某一固定的方向，即存在

$$(v_i, v_j) \in E(G) \Leftrightarrow (v_j, v_i) \in E(G) \tag{5-1}$$

则称边 $(v_i, v_j)$ 为一条无向边。如果图 $G$ 中每一条边都没有方向，则称图 $G$ 为无向图。

例如，图 5-1 表示一个无向图 $G(V, E)$，其中点集 $V = \{v_1, v_2, \cdots,$

$v_5$},边集 $E$ = {$(v_1, v_2)$,$(v_2, v_4)$,$(v_2, v_5)$,$(v_3, v_4)$,$(v_3, v_5)$,$(v_4, v_5)$}。

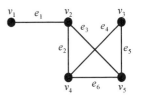

图 5-1 无向图

在无向图 $G(V, E)$ 中,如果 $(v_1, v_2)$ 是图中一条无向边,即 $(v_1, v_2) \in E(G)$,则称顶点 $v_1$ 与顶点 $v_2$ 互为邻接顶点,称边 $(v_1, v_2)$ 与顶点 $v_1$,$v_2$ 相关联。如果两条不同边拥有一个共同顶点,则这两条边称为邻接边。

若信息传递只从节点 $i$ 流向节点 $j$,即边是有方向性的,则称 $(v_i, v_j)$ 为顶点 $v_i$ 到顶点 $v_j$ 的有向边。如果图中所有的边都是有向边,即存在

$$(v_i, v_j) \in E(\mathscr{G}) \nLeftrightarrow (v_j, v_i) \in E(\mathscr{G}) \tag{5-2}$$

这种图称为有向图,用符号来表示。无向图是有向图的特殊情况。

设 $G(V, E)$ 为非空图,$v \in V$,与顶点 $v$ 相邻的顶点的集合称作点 $v$ 的邻集,记作 $N(v)$。与顶点 $v$ 相关联的边的数目称作顶点 $v$ 的度,记作 $\deg(v)$。在有向图 $G(V, E)$ 中,顶点 $v$ 的度为该顶点的出度与入度之和。其中,顶点 $v$ 的出度是以 $v$ 为起始顶点的有向边的数目,记作 $od(v)$;顶点 $v$ 的入度是以 $v$ 为终点的有向边的数目,记作 $id(v)$。顶点 $v$ 的度数为 $\deg(v) = od(v) + id(v)$。设图 $G(V, E)$ 的顶点集为 $V = \{v_1, v_2, \cdots, v_n\}$,则称 $[\deg(v_1), \deg(v_2), \cdots, \deg(v_n)]$ 为图 $G(V, E)$ 的度序列。

在 $G(V, E)$ 中,如果存在一些边,使顶点 $v_i$ 沿着这些边前行,经过若干顶点 $v_{n1}$,$v_{n2}$,$\cdots$,$v_{nm}$,最终能够到达顶点 $v_j$,则称顶点序列 $(v_i, v_{n1}, v_{n2}, \cdots, v_{nm}, v_j)$ 为由顶点 $v_i$ 到顶点 $v_j$ 的一条通路,或者称为路径。在无向图中,若顶点 $u$ 和顶点 $v$ 之间存在一条通路或者路径,称顶点 $u$ 和 $v$ 是连通的。在无向图中,如果任意两个顶点都存在一条通路,则称该图为连通图,否则称为非连通图。

假设两个图 $G_1(V_1, E_1)$ 和 $G_2(V_2, E_2)$,如果 $V_2 \subseteq V_1$,且 $E_2 \subseteq E_1$,称图 $G_2$ 是图 $G_1$ 的子图。一个无向连通图的包含其所有顶点的极小连通子图称为无向连通图的一个生成树。一个无向图可能有多个生成树。在有向图中,如果存在一个边的子集,能够连接图中所有节点,则称这个边的子集为一个生成树,称该图包含一个有向生成树。

## 5.1.2 图的代数矩阵

图以可视化的结构形式利用一组点和线来表征有限个物体之间相互作

用，同时也可以用代数矩阵的形式描述图中点和线的关系，进而将图转化为代数问题进行研究。本节介绍与图的代数矩阵相关的定义及其性质。

设 $G = (V, E)$ 是顶点集为 $V = \{v_1, v_2, \cdots, v_p\}$，边集为 $E = \{e_1, e_2, \cdots, e_q\}$ 的图，称矩阵 $M(G) = [m_{ij}]_{p \times q}$ 为图 $G$ 的关联矩阵，其中，$m_{ij}$ 是顶点与边的关联次数。例如，图 5 – 1 对应的关联矩阵为

$$
M(G) = \begin{array}{c} \\ v_1 \\ v_2 \\ v_3 \\ v_4 \\ v_5 \end{array}
\begin{array}{c} e_1 \ e_2 \ e_3 \ e_4 \ e_5 \ e_6 \\
\begin{bmatrix}
1 & 0 & 0 & 0 & 0 & 0 \\
1 & 1 & 1 & 0 & 0 & 0 \\
0 & 0 & 0 & 1 & 1 & 0 \\
0 & 1 & 0 & 1 & 0 & 1 \\
0 & 0 & 1 & 0 & 1 & 1
\end{bmatrix}
\end{array}
$$

根据关联矩阵的定义，关联矩阵具有以下性质：

性质 1：关联矩阵的每一列元素之和为 2；

性质 2：关联矩阵的每一行元素之和为对应顶点的度数。

记 $G = (V, E)$ 是顶点集为 $V = \{v_1, v_2, \cdots, v_n\}$ 的图，称矩阵 $A[a_{ij}] \in R^{n \times n}$ 为图 $G$ 的邻接矩阵，邻接矩阵用代数矩阵的方式来描述节点之间的位置关系，其中

$$
a_{ij} = \begin{cases} 1, & v_i v_j \in E \\ 0, & 其他 \end{cases} \tag{5-3}
$$

例如，图 5 – 1 对应的邻接矩阵为

$$
A(G) = \begin{array}{c} \\ v_1 \\ v_2 \\ v_3 \\ v_4 \\ v_5 \end{array}
\begin{array}{c} v_1 \ v_2 \ v_3 \ v_4 \ v_5 \\
\begin{bmatrix}
0 & 1 & 0 & 0 & 0 \\
1 & 0 & 0 & 1 & 1 \\
0 & 0 & 0 & 1 & 1 \\
0 & 1 & 1 & 0 & 1 \\
0 & 1 & 1 & 1 & 0
\end{bmatrix}
\end{array}
$$

在无向图中，对于所有的 $i \neq j$ 都有 $a_{ij} = a_{ji}$，在有向图中则不一定成立。

在有向图中，如果对于所有的 $i$ 都存在 $\sum_{j=1}^{n} a_{ij} = \sum_{j=1}^{n} a_{ji}$，则该图被称为平衡图。

邻接矩阵具有如下性质：

性质 3：邻接矩阵是一个对称矩阵；

性质 4：若 $G$ 是无向图，则邻接矩阵 $A(G)$ 中第 $i$ 行元素之和等于顶点

$v_i$ 的度数。

设图 $G(V,\ E)$ 顶点集为 $V=\{v_1,\ v_2,\ \cdots,\ v_n\}$，$\deg(v_i)$ 为顶点 $v_i$ 的度，称矩阵 $\boldsymbol{D}(G)=[d_{ij}]\in\boldsymbol{R}^{n\times n}$ 为图 $G$ 的度矩阵，其中

$$d_{ij}=\begin{cases}\deg(v_i), & i=j\\ 0, & i\neq j\end{cases} \tag{5-4}$$

例如，图 5-1 对应的度矩阵为

$$\boldsymbol{D}(G)=\begin{bmatrix}\deg(v_1) & 0 & 0 & 0 & 0\\ 0 & \deg(v_2) & 0 & 0 & 0\\ 0 & 0 & \deg(v_3) & 0 & 0\\ 0 & 0 & 0 & \deg(v_4) & 0\\ 0 & 0 & 0 & 0 & \deg(v_5)\end{bmatrix}=\begin{bmatrix}1 & 0 & 0 & 0 & 0\\ 0 & 3 & 0 & 0 & 0\\ 0 & 0 & 2 & 0 & 0\\ 0 & 0 & 0 & 3 & 0\\ 0 & 0 & 0 & 0 & 3\end{bmatrix}$$

定义矩阵 $\boldsymbol{L}_p=[l_{ij}]\in\boldsymbol{R}^{n\times n}$ 为图的拉普拉斯矩阵，对于无向图 $G$，拉普拉斯矩阵为

$$\boldsymbol{L}_p(G)=\boldsymbol{D}(G)-\boldsymbol{A}(G)$$

式中，$\boldsymbol{D}(G)$ 为图的度矩阵，$\boldsymbol{A}(G)$ 为图的邻接矩阵。对于有向图 $\mathscr{G}$，拉普拉斯矩阵为

$$\boldsymbol{L}_p(\mathscr{G})=\boldsymbol{D}(\mathscr{G})-\boldsymbol{A}(\mathscr{G})$$

式中，$\boldsymbol{D}(\mathscr{G})$ 为有向图 $\mathscr{G}$ 的入度矩阵；$\boldsymbol{A}(\mathscr{G})$ 为有向图 $\mathscr{G}$ 的邻接矩阵。另一种更为通用的定义为拉普拉斯矩阵 $\boldsymbol{L}_p$ 满足

$$l_{ii}=\sum_{j=1,j\neq i}^{n}a_{ij},\ l_{ij}=-a_{ij},\ i\neq j \tag{5-5}$$

以上两种定义的拉普拉斯矩阵符合相同的形式。例如，图 3-5 对应的拉普拉斯矩阵为

$$\boldsymbol{L}_p(G)=\begin{bmatrix}1 & -1 & 0 & 0 & 0\\ -1 & 3 & 0 & -1 & -1\\ 0 & 0 & 2 & -1 & -1\\ 0 & -1 & -1 & 3 & -1\\ 0 & -1 & -1 & -1 & 3\end{bmatrix}$$

由拉普拉斯矩阵的定义容易得到，当 $i\neq j$ 时，$l_{ij}\leqslant 0$，如果图 $G$ 中不存在边 $(v_j,\ v_i)$，那么 $l_{ij}=-a_{ij}=0$。矩阵 $\boldsymbol{L}_p$ 的每一行元素均满足

$$\sum_{j=1}^{n} l_{ij} = 0 \qquad\qquad (5-6)$$

对于一个无向图，$L_p$ 是对称的，但是对于有向图，$L_p$ 不一定是对称的，它通常被称为非对称拉普拉斯矩阵或有向拉普拉斯矩阵。无论是无向图还是有向图，矩阵 $L_p$ 的各行元素之和都为 0，因此 0 是矩阵 $L_p$ 的一个特征值，其对应的特征向量为元素均是 1 的 $n \times 1$ 维列向量 $\mathbf{1}_n$。根据圆盘定理可知，对于一个无向图，矩阵 $L_p$ 的所有非零特征值均为正数，因此矩阵 $L_p$ 是对称半正定的，而对于有向图，矩阵 $L_p$ 的所有非零特征值均有正实部，因此 $-L_p$ 的所有非零特征值均有负实部。对于一个无向图，令 $\lambda_i$ 为矩阵 $L_p$ 的第 $i$ 个特征值，并且满足 $\lambda_1 \le \lambda_2 \le \cdots \le \lambda_n$，其中 $\lambda_1 = 0$。

## 5.2　一致性理论分析

多智能体信息一致性（Consensus）是指多智能体在网络环境下通过交换近邻之间的可测信息，在各智能体上分布地产生某种算法或者协议，使这些智能体在事关相互协作的若干变量问题上达成一致意见，从而自主、协同地完成共同的任务。早期的多智能体信息一致性研究大多针对一些具体的协同控制问题，如生物种群的聚集运动、多传感器对目标信息的数据融合、卫星编队的姿态校准等。2003 年前后，美国学者 A Stephen Morse、Richard M. Murray 和 Reza Olfati-Saber 等人将分布式计算中的一致性概念引入网络化的动态系统中，建立了多智能体信息一致性统一的理论框架，推动了这一领域的理论发展。

当多个智能体在所关心的变量上取值达成共识时，就称它们达成了"一致"。为了达成一致，必须存在一个所有智能体都关心的变量，这个变量被称为协同变量。还需设计用于各个智能体相互协商使其信息状态达成一致的算法，即一致性算法。假设相邻智能体之间可以相互通信，则所设计的一致性算法必须是分布式的。下面介绍常用的一致性协议。

### 5.2.1　一阶模型一致性协议

考虑如下简单的一阶连续系统模型：

$$\dot{\xi}_i(t) = u_i(t), i = 1, 2, \cdots, n \qquad\qquad (5-7)$$

式中，$\xi_i(t) \in \mathbf{R}^m$ 表示第 $i$ 个智能体在 $t$ 时刻的某一状态信息，$u_i(t) \in \mathbf{R}^m$ 表

示 $m$ 表示维数。对于多无人机编队控制来说，$\xi_i(t)$ 通常表示无人机的位置状态信息，$u_i(t)$ 表示无人机系统速度控制量。一致性算法的研究是将编队成员的速度控制量 $u_i(t)$ 设计为一定的算法，使对任意一初值 $\xi_i(0)$ 和所有的 $i, j = 1, 2, \cdots, n$ 都有，当一致性算法经过一定时间的控制作用时，编队系统中所有成员间的位置状态信息误差趋于零，即满足

$$\lim_{x \to \infty} |\xi_i(t) - \xi_j(t)| = 0 \qquad (5-8)$$

此时，我们称多智能体位置状态达成一致。当多智能体之间只在离散时刻进行通信时，各个智能体的信息状态按照差分方程随着时间变化，离散系统模型为

$$\xi_i(k+1) = \xi_i(k) + u_i(k), i = 1, 2, \cdots, n \qquad (5-9)$$

假设多智能体系统规模为 $n$，多智能体之间依靠各自的通信系统与编队的其他成员进行资源共享和数据交换，多智能体之间通信拓扑关系可以用图 $G_n \triangle (v_n, \varepsilon_n)$ 来表示，每一个智能体可以看作图中的一个顶点，智能体之间的通信连接可以看作图的边。

令矩阵 $A = [a_{ij}] \in \mathbf{R}^{n \times n}$ 和 $L_p = [l_{ij}] \in \mathbf{R}^{n \times n}$ 分别为图 $G_n \triangle (v_n, \varepsilon_n)$ 的邻接矩阵和拉普拉斯矩阵。一阶系统常见的连续时间一致性算法是

$$u_i(t) = -\sum_{j=1}^{n} a_{ij}(t)(\xi_i(t) - \xi_j(t)), i = 1, 2, \cdots, n \qquad (5-10)$$

式中，$a_{ij}(t)$ 是 $t$ 时刻邻接矩阵 $A$ 中的第 $(i, j)$ 项元素。将一致性算法式 (5-10) 代入式 (5-7)，得到系统状态方程，并将系统方程改写为矩阵形式：

$$\dot{\boldsymbol{\xi}}(t) = -\boldsymbol{L}_p \boldsymbol{\xi}(t) \qquad (5-11)$$

式中，$\boldsymbol{\xi}(t) = [\xi_1, \xi_2, \cdots, \xi_n]$，$\dot{\boldsymbol{\xi}} = [\dot{\xi}_1, \dot{\xi}_2, \cdots, \dot{\xi}_n]$。对于式 (5-7) 对应的系统模型，式 (5-10) 的算法渐近达到一致状态的充要条件是由邻接矩阵 $A$ 确定的无向图是连通的，或者由邻接矩阵 $A$ 确定的有向图含有一簇有向生成树。近年来，大量文献对一阶模型一致性算法的应用进行了深入研究，包括时变拓扑、切换拓扑、通信系统存在时滞时的一致性算法[167,168]。

## 5.2.2 二阶模型一致性协议

对于很多系统来说，一阶运动学模型无法完整描述智能体的运动过程，系统往往要同时控制位置和速度两个变量，因此必须研究二阶模型系统的

一致性协议。二阶动力系统控制输入为加速度信息，通过设计加速度控制输入，进而控制系统的速度状态，最终完成对位置信息的控制作用。二阶动力系统一致性算法更加适合要求系统的位置和速度信息分别收敛于某一状态的情况。与一阶动力系统一致性算法不同的是，有向图中含有一簇生成树只是二阶动力系统达成一致的必要不充分条件。

考虑这样一个连续的二阶动力系统模型：

$$\begin{cases} \dot{\xi}_i(t) = \zeta_i(t) \\ \dot{\zeta}_i(t) = u_i(t) \end{cases} \tag{5-12}$$

式中，$\xi_i(t) \in \mathbf{R}^m$ 为无人机 $i$ 在 $t$ 时刻的位置状态信息；$\zeta_i(t) \in \mathbf{R}^m$ 为无人机 $i$ 在 $t$ 时刻的位置状态信息导数，即速度信息；$u_i(t) \in \mathbf{R}^m$ 为编队第 $i$ 架无人机的控制输入信息，是需要设计的一致性算法。针对二阶动力系统，设计一致性控制律使对任意一初值 $\xi_i(0)$，$\zeta_i(0)$ 和所有的 $i,j = 1,2,\cdots,n$ 都有，当一致性算法经过一定时间的控制作用时，编队系统中所有成员间的位置状态信息误差和速度状态信息误差均趋于零，即满足

$$\lim_{x \to \infty} |\xi_i - \xi_j| = 0, \ \lim_{x \to \infty} |\zeta_i - \zeta_j| = 0, \ i,j = 1,2,\cdots,n \tag{5-13}$$

当多智能体之间只在离散时刻进行通信时，二阶离散系统模型为

$$\begin{cases} \xi_i(k+1) = \xi_i(k) + \zeta_i(k) \\ \zeta_i(k+1) = \zeta_i(k) + u_i(k) \end{cases}, \quad i = 1,2,\cdots,n \tag{5-14}$$

式中，$\xi_i(k)$，$\zeta_i(k)$ 表示第 $i$ 架无人机在第 $k$ 时刻的位置信息和速度信息；$u_i(k)$ 表示第 $i$ 架无人机在第 $k$ 时刻的控制输入。

假设各无人机之间关于 $\xi_i$ 和 $\zeta_i$ 的传递具有相同的通信拓扑，同样采用 $G_n \triangleq (v_n, \ \varepsilon_n)$ 来表示，$\mathbf{A}$ 和 $\mathbf{L}_p$ 分别表示此时图 $G_n$ 的邻接矩阵和非对称拉普拉斯矩阵。一种基本的二阶积分器动力系统一致性算法如下[169]：

$$u_i = -\sum_{j=1}^{n} a_{ij}(t) \left[ (\xi_i - \xi_j) + \gamma(t)(\zeta_i - \zeta_j) \right] \tag{5-15}$$

式中，$i = 1,2,\cdots,n$；$\gamma(t)$ 对任意时间 $t$ 是一个正数。

令 $\boldsymbol{\xi} = [\xi_1^T \ \ \xi_2^T \ \ \cdots \ \ \xi_n^T]$，$\boldsymbol{\zeta} = [\zeta_1^T \ \ \zeta_2^T \ \ \cdots \ \ \zeta_n^T]$，上述两式可改写成矩阵形式：

$$\begin{bmatrix} \dot{\boldsymbol{\xi}} \\ \dot{\boldsymbol{\zeta}} \end{bmatrix} = (\boldsymbol{\Theta}(t) \otimes \boldsymbol{I}_m) \begin{bmatrix} \boldsymbol{\xi} \\ \boldsymbol{\zeta} \end{bmatrix} \tag{5-16}$$

式中，$\boldsymbol{\Theta}(t) = \begin{bmatrix} \mathbf{0}_{n \times n} & \boldsymbol{I}_n \\ -\boldsymbol{L}_n(t) & -\boldsymbol{\gamma}(t)\boldsymbol{L}_n(t) \end{bmatrix}$。

**二阶一致性算法的主要结论：**

**定理**[170]　算法式（5 – 16）渐近达到一致当且仅当 $\boldsymbol{\Theta}$ 有且仅有两个零特征值，并且其他非零特征值均为负实部。特别地，对于足够大的 $t$，$\xi_i(t) \to \sum_{i=1}^{n} p_i \xi_i(0) + t \sum_{i=1}^{n} p_i \zeta_i(0)$，$\zeta_i(t) \to \sum_{i=1}^{n} p_i \zeta_i(0)$，其中 $\boldsymbol{p} = \begin{bmatrix} p_1 & p_2 & \cdots & p_n \end{bmatrix}$，$\boldsymbol{I}_n^{\mathrm{T}} \boldsymbol{p} = 1$，$\boldsymbol{L}_n^{\mathrm{T}} \boldsymbol{p} = 0$。

**引理 1**　给定矩阵 $\boldsymbol{A} = [a_{ij}] \in \boldsymbol{R}^{n \times n}$，其中对于任意 $i$ 都有 $a_{ii} \leq 0$，$a_{ij} \geq 0$，（$\forall i \neq j$）且 $\sum_{j=1}^{n} a_{ij} = 0$，那么矩阵 $\boldsymbol{A}$ 中至少含有一个零特征值，其对应的特征向量为 $\boldsymbol{I}_n$，并且其所有非零特征值都位于左半开平面。进一步，矩阵 $\boldsymbol{A}$ 仅有一个零特征值当且仅当由 $\boldsymbol{\Gamma}(\boldsymbol{A})$ 表示的 $\boldsymbol{A}$ 的有向图含有一簇有向生成树。

**推论 1**　一个有向图的非对称拉普拉斯矩阵 $\boldsymbol{L}_n$ 有一个特征向量为 $\boldsymbol{I}_n$ 的简单零特征值，并且其他特征值都在右半平面内，当且仅当有向图含有一簇有向生成树。

**引理 2**　令 $\rho_{\pm} = \dfrac{\gamma\mu - \alpha \pm \sqrt{(\gamma\mu - \alpha)^2 + 4\mu}}{2}$，式中，$\rho$，$\mu \in \boldsymbol{C}$。如果 $\alpha > 0$，$\mathrm{Re}(\mu) < 0$，$\mathrm{Im}(\mu) > 0$，并且

$$\gamma > \sqrt{\frac{2}{|\mu| \cos\left[\arctan \dfrac{\mathrm{Im}(\mu)}{-\mathrm{Re}(\mu)}\right]}}$$

那么 $\mathrm{Re}(\rho_{\pm}) < 0$，其中 $\mathrm{Re}(\cdot)$ 和 $\mathrm{Im}(\cdot)$ 分别表示复数的实部和虚部。

## 5.3　一致性编队问题描述

设编队由 $n$ 架无人机组成，其通信拓扑可以表示为有向图 $G(v, \varepsilon, \boldsymbol{A})$。其中，$v = \{v_1, v_2, \cdots, v_n\}$ 是有限非空节点集，即顶点的集合；$\varepsilon \subseteq v \times v$ 是节点对的集合，即边集；$\boldsymbol{A} = [a_{ij}] \in \boldsymbol{R}^{n \times n}$ 是有向图 $(v_i, v_j)$ 的邻接矩阵。一张有向图 $G$ 可以表示为

$$\begin{cases} v(G) = \{v_1, v_2, \cdots, v_n\} \\ \varepsilon(G) = \{(v_i, v_j) \,|\, v_i, v_j \in v(G)\} \\ A(G) = [a_{ij}] \in \boldsymbol{R}^{n \times n} \end{cases} \tag{5 – 17}$$

式中，$(v_i, v_j)$ 表示信息由节点 $v_i$ 流向 $v_j$，$v_i$ 被称为父节点，$v_j$ 被称为子节点；当 $(v_j, v_i) \in \varepsilon(G)$ 时，$a_{ij}$ 是一个正权值；当 $(v_j, v_i) \notin \varepsilon(G)$ 时，$a_{ij} = 0$。

为了突出主要问题，简化分析过程，将四旋翼无人机系统的数学模型表示为

$$\begin{cases} \dot{\xi}_i = \zeta_i \\ \dot{\zeta}_i = u_i \end{cases} \quad i = 1, 2, \cdots, n \tag{5-18}$$

式中，$\xi_i = [x_i, y_i, z_i]^{\mathrm{T}} \in \mathbf{R}^3$ 为位置状态，$\zeta_i = [\dot{x}_i, \dot{y}_i, \dot{z}_i]^{\mathrm{T}} \in \mathbf{R}^3$ 为速度状态，$u_i$ 为控制输入。在二阶积分系统中认为 $\xi_i$ 和 $\zeta_i$ 的拓扑结构相同。

每架四旋翼无人机的一致性控制协议可以设计为

$$u_i' = \dot{\zeta}^r - \alpha \big[ (\xi_i - \xi^r - h_i) + \gamma(\zeta_i - \zeta^r) \big] - \sum_{j=1}^{n} a_{ij} \big[ (\xi_i - h_i) - (\xi_j - h_j) + \gamma(\zeta_i - \zeta_j) \big] \tag{5-19}$$

式中，$\xi^r$ 和 $\zeta^r$ 分别为虚拟领航者的位置状态和速度状态；$\xi_i$ 和 $\zeta_i$ 分别为第 $i$ 架四旋翼无人机的位置状态和速度状态；$\alpha$，$\gamma$ 为正实数；$h_i$ 为第 $i$ 架四旋翼无人机与虚拟领航者的状态偏差。当 $\lim_{t \to \infty}(\xi_i - \xi^r - h_i) = 0$，且 $\lim_{t \to \infty}(\zeta_i - \zeta^r) = 0$ 时，四旋翼无人机状态达到一致，能够形成预期的编队队形。

## 5.4　势场的建立

势场法通过势场力构造控制协议控制四旋翼无人机运动的思想与一致性方法思想一致，因此可利用人工势场的原理在四旋翼无人机编队飞行空间中建立平衡点的引力场、四旋翼无人机间的斥力场和外部环境障碍物产生的斥力场，四旋翼无人机在势场力的作用下加快编队的收敛速度，避免编队无人机之间以及编队无人机与外部障碍物之间发生碰撞，保证编队的飞行安全。

### 5.4.1　平衡点的引力场

当编队中的每架四旋翼无人机到达期望位置时，便会处于平衡状态，形成预期的编队队形。预期位置被称为平衡点。平衡点对四旋翼无人机有引力作用，引力的大小与其间的距离有关：无人机与平衡点距离越远，引力势能越大，平衡点的引力越大。当无人机与平衡点的距离小于一定阈值

$d_{\min}$ 时，引力势能为 0，引力为 0，此时通过编队的一致性将无人机调整到期望位置。平衡点在四旋翼无人机 $i$ 处产生的引力场函数 $U_G(\xi_i, \xi_G)$ 为

$$U_B(\xi_i,\xi_B) = \begin{cases} \dfrac{1}{2}\alpha_1 d^2(\xi_i,\xi_B), & |h_i - d(\xi_i,\xi_B)| \geq d_{\min} \\ 0, & \text{其他} \end{cases} \quad (5-20)$$

式中，$\alpha_1 > 0$ 表示引力场系数；$d(\xi_i, \xi_B)$ 是无人机 $i$ 与其平衡点的距离；$h_i$ 的含义与式（5-19）相同。相应地，四旋翼无人机 $i$ 受到的吸引力是引力场函数在此位置的负梯度，公式如下：

$$F_B(\xi_i,\xi_G) = -\nabla U_B(\xi_i,\xi_G) = \begin{cases} \alpha_1 d(\xi_i,\xi_B), & |h_i - d(\xi_i,\xi_B)| \geq d_{\min} \\ 0, & \text{其他} \end{cases}$$

$$(5-21)$$

由上式可以看出，四旋翼无人机受到吸引力的方向在无人机与平衡点之间的连线上，并且指向平衡点。

### 5.4.2　四旋翼无人机编队个体之间的斥力场

定义四旋翼无人机之间的斥力场是为了避免编队无人机个体在编队形成和避障过程中发生碰撞。可以将编队中的每一架四旋翼无人机看作一个移动的障碍物，通过在周围环境中建立斥力场的方法来避免发生碰撞。每架四旋翼无人机都设定一个安全距离 $d_{\text{safe}}$，当四旋翼无人机 $i$ 与 $j$ 之间的距离小于安全距离时，$j$ 周围的斥力场对 $i$ 产生斥力，方向由 $j$ 指向 $i$，四旋翼无人机 $j$ 在 $i$ 处产生的斥力场 $U_{\text{rep}}(\xi_i, \xi_j)$ 为

$$U_{\text{rep}}(\xi_i,\xi_j) = \begin{cases} \dfrac{\alpha_2}{e^{d(\xi_i,\xi_j)} - e^{d_{\text{safe}}}}, & d(\xi_i,\xi_j) \leq d_{\text{safe}} \\ 0, & \text{其他} \end{cases} \quad (5-22)$$

式中，$\alpha_2 > 0$ 为避碰增益系数。四旋翼无人机 $i$ 与 $j$ 之间的斥力是斥力场的负梯度，斥力大小由式（5-23）计算：

$$F_{\text{rep}}(i,j) = -\nabla U_{\text{rep}}(\xi_i,\xi_j) = \begin{cases} \alpha_2 \dfrac{1}{e^{d(\xi_i,\xi_j)} - e^{d_{\text{safe}}}} e^{d(\xi_i,\xi_j)} \boldsymbol{n}_{ij}, & d(\xi_i,\xi_j) \leq d_{\text{safe}} \\ 0, & \text{其他} \end{cases}$$

$$(5-23)$$

式中，$\boldsymbol{n}_{ij}$ 表示由四旋翼无人机 $j$ 指向 $i$ 的单位向量。无人机 $i$ 总的避碰斥力是所有四旋翼无人机斥力的矢量和，即

$$F_{rep}(i) = \begin{cases} \sum_{j=1, j \neq i}^{n} F_{rep}(i,j), & d(\xi_i, \xi_j) \leq d_{safe} \\ 0, & \text{其他} \end{cases} \qquad (5-24)$$

### 5.4.3 障碍物产生的斥力场

四旋翼无人机在三维空间中运动，当进入障碍物的势场范围 $d_0$ 以内时，会受到障碍物的斥力作用。四旋翼无人机与障碍物之间的距离越小，受到的斥力作用越大。定义障碍物在空间 $\xi_i$ 处产生的斥力场 $U_O(\xi_i, \xi_{Obs})$ 如下：

$$U_O(\xi_i, \xi_{Obs}) = \begin{cases} \dfrac{1}{2}\alpha_3 \left( \dfrac{1}{d(\xi_i, \xi_{Obs})} - \dfrac{1}{d_0} \right)^2 d^2(\xi_i, \xi_G), & d(\xi_i, \xi_{Obs}) \leq d_0 \\ 0, & \text{其他} \end{cases}$$

$$(5-25)$$

式中，$\xi_{Obs}$ 表示障碍物的位置，$\alpha_3 > 0$ 是斥力增益系数，与式（4-30）的斥力场函数相比，式（5-25）增加了 $d^2(\xi_i, \xi_G)$ 项，这样可以保证无人机平衡点处的势场值是全局最小值，避免四旋翼无人机陷入局部极值。

四旋翼无人机 $i$ 所受障碍物的斥力由 $i$ 点处斥力场的负梯度表示：

$$F_O(\xi_i, \xi_{Obs}) = -\nabla U_O(\xi_i, \xi_{Obs})$$

$$= \begin{cases} F_{O1}(\xi_i, \xi_{Obs})\boldsymbol{n}_{iO} + F_{O2}(\xi_i, \xi_{Obs})\boldsymbol{n}_{Gi}, & d(\xi_i, \xi_{Obs}) \leq d_0 \\ 0, & \text{其他} \end{cases}$$

$$(5-26)$$

式中，

$$F_{O1}(\xi_i, \xi_{Obs}) = \alpha_3 \left( \frac{1}{d(\xi_i, \xi_{Obs})} - \frac{1}{d_0} \right) \frac{d^2(\xi_i, \xi_G)}{d^2(\xi_i, \xi_{Obs})} \qquad (5-27)$$

$$F_{O2}(\xi_i, \xi_{Obs}) = \alpha_3 \left( \frac{1}{d(\xi_i, \xi_{Obs})} - \frac{1}{d_0} \right)^2 d(\xi_i, \xi_G) \qquad (5-28)$$

式中，$\boldsymbol{n}_{iO}$ 表示由障碍物位置 $\xi_{Obs}$ 指向第 $i$ 架四旋翼无人机的位置 $\xi_i$ 的单位向量，$\boldsymbol{n}_{Gi}$ 表示 $\xi_i$ 指向目标点位置的单位向量。

设环境中有 $l$ 个障碍物，则四旋翼无人机 $i$ 受到的斥力为所有障碍物在此位置产生斥力的矢量和：

$$F_O(\xi_i) = \begin{cases} \sum_{Obs=1}^{l} F_O(\xi_i, \xi_{Obs}), & d(\xi_i, \xi_{Obs}) \leq d_0 \\ 0, & \text{其他} \end{cases} \qquad (5-29)$$

## 5.5 四旋翼无人机编队避障控制协议

对于式（5-18）所示二阶积分系统的四旋翼无人机系统，用一致性方法进行编队飞行，同时考虑环境中障碍物和编队中无人机个体之间的相互影响，可以将每架四旋翼无人机的控制协议设计为如下形式：

$$u_i = u_i' + k_1 F_B(\xi_i, \xi_B) + k_2 F_{rep}(i) + k_3 F_O(\xi_i) \qquad (5-30)$$

式中，$k_1$，$k_2$，$k_3$ 分别表示平衡点引力、编队个体之间的斥力、障碍物的斥力在控制协议中的权重系数。为了使式（5-30）具有广泛的应用性，可以通过改变权重的方法来改变控制协议：

（1）当环境中没有障碍物或者四旋翼无人机编队在障碍物的势场作用范围以外时，设置 $k_1$，$k_2 > k_3 = 0$。

（2）当四旋翼无人机编队进入障碍物的势场作用范围内时，设置 $k_3 > k_1$，$k_2 > 0$。

将式（5-19）、式（5-20）、式（5-22）、式（5-25）代入式（5-30）可得

$$
\begin{aligned}
u_i = {}& \dot{\zeta}^r - \alpha \big[ (\xi_i - \xi^r - h_i) + \gamma(\zeta_i - \zeta^r) \big] - \\
& \sum_{j=1}^{n} a_{ij} \big[ (\xi_i - h_i) - (\xi_j - h_j) + \gamma(\zeta_i - \zeta_j) \big] - \\
& k_1 \nabla U_B(\xi_i, \xi_B) - k_2 \sum_{j=1, j \neq i}^{n} \nabla U_{rep}(\xi_i, \xi_j) - k_3 \sum_{Obs=1}^{l} \nabla U_O(\xi_i, \xi_{Obs})
\end{aligned}
$$
$$(5-31)$$

在式（5-31）的控制协议下，四旋翼无人机编队形成及避障系统的闭环动态方程为

$$
\begin{cases}
\dot{\xi}_i = \zeta_i \\
\dot{\zeta}_i = \dot{\zeta}^r - \alpha \big[ (\xi_i - \xi^r - h_i) + \gamma(\zeta_i - \zeta^r) \big] - \\
\qquad \sum_{j=1}^{n} a_{ij} \big[ (\xi_i - h_i) - (\xi_j - h_j) + \gamma(\zeta_i - \zeta_j) \big] - \\
k_1 \nabla U_B(\xi_i, \xi_B) - k_2 \sum_{j=1, j \neq i}^{n} \nabla U_{rep}(\xi_i, \xi_j) - k_3 \sum_{Obs=1}^{l} \nabla U_O(\xi_i, \xi_{Obs})
\end{cases}
$$
$$(5-32)$$

　　由 $n$ 架四旋翼无人机组成的系统，若其通信拓扑是连通的，并且在飞行过程中遇到 $m$ 个外部环境障碍物，系统的总能量是一个有限值，那么在控制输入式（5 - 31）的控制协议作用下，四旋翼无人机系统能够形成预期的编队，并且在飞行过程中避开外部环境中的障碍物。

# 5.6　仿真分析

　　为了验证本章所提控制协议对四旋翼无人机编队形成及避障的控制效果，分别在虚拟领航者悬停、盘旋和编队避障三种情形下进行仿真实验。

### 5.6.1　虚拟领航者悬停

　　设虚拟领航者为悬停状态，来验证本章所提出的控制协议对虚拟领航者的跟踪效果。设五架四旋翼无人机初始状态随机分布，虚拟领航者静止，在式（5 - 31）的控制协议下，五架四旋翼无人机朝各自的平衡位置运动，形成以虚拟领航者为中心的人字形编队。仿真结果如图 5 - 2 所示，$x$、$y$、$z$三个方向的位置偏差和速度分别如图 5 - 3、图 5 - 4、图 5 - 5 所示。

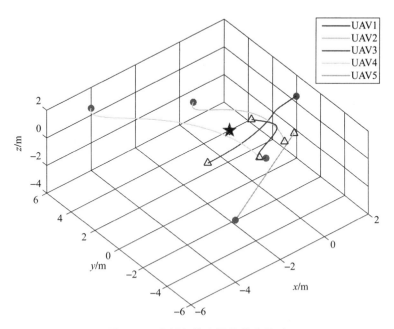

图 5 - 2　虚拟领航者悬停编队队形

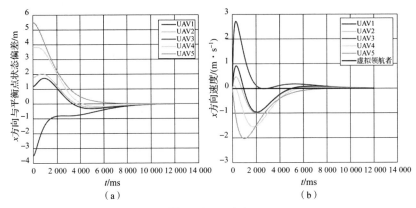

**图 5-3 x 方向**

（a）位置偏差；（b）速度

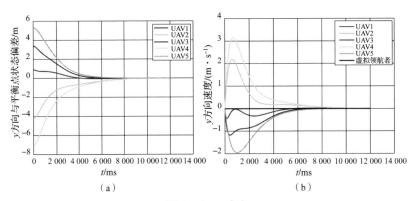

**图 5-4 y 方向**

（a）位置偏差；（b）速度

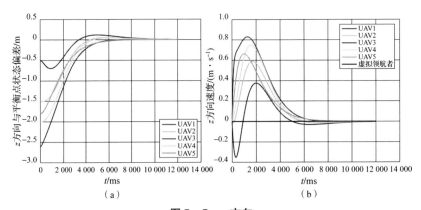

**图 5-5 z 方向**

（a）位置偏差；（b）速度

图 5-2 中，"△"为四旋翼无人机的初始位置，"●"为形成的人字形编队位置，"★"为虚拟领航者的位置，在仿真过程中，虚拟领航者保持悬停。从图中可以看出，五架四旋翼无人机在式（5-30）控制协议的作用下形成预定的人字形编队，由于控制协议中引入了无人机编队个体之间的斥力场，每架四旋翼无人机朝各自平衡点运动的轨迹并非直线，确保编队个体不发生碰撞。结合图 5-3、图 5-4、图 5-5 可以看出，在 10 s 左右，$x$、$y$、$z$ 三个方向上四旋翼无人机的位置与虚拟领航者所确定的期望位置偏差为 0，速度与虚拟领航者保持一致，每架四旋翼无人机都在各自平衡点保持悬停状态，此时四旋翼无人机编队达成一致。仿真结果表明，本章所提出的控制协议对静态目标具有良好的跟踪效果。

## 5.6.2　虚拟领航者盘旋

设虚拟领航者为盘旋状态，验证本章所提及的控制协议对动态目标的跟踪效果。五架四旋翼无人机由初始化的随机位置跟踪虚拟领航者的运动状态并形成预定的人字形编队。仿真结果由图 5-6 给出，$x$、$y$、$z$ 三个方向上的位置偏差和速度偏差分别如图 5-7、图 5-8、图 5-9 所示。

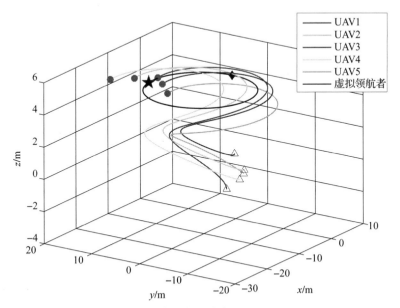

图 5-6　虚拟领航者盘旋编队队形

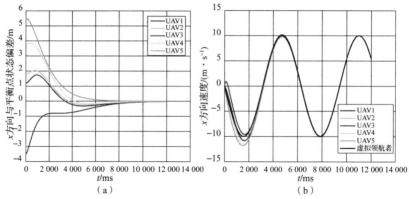

（a）                （b）

图 5-7    x 方向

（a）位置偏差；（b）速度

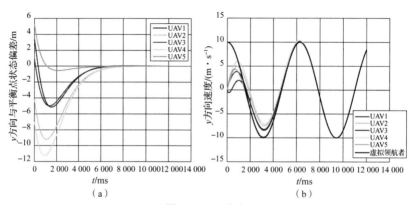

（a）                （b）

图 5-8    y 方向

（a）位置偏差；（b）速度

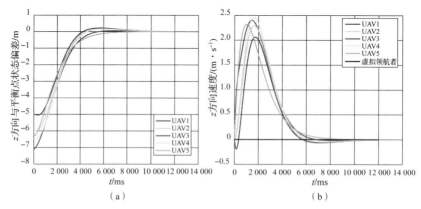

（a）                （b）

图 5-9    z 方向

（a）位置偏差；（b）速度

图 5-6 可以看出，虚拟领航者一直在盘旋，另外五架四旋翼无人机从初始位置开始向虚拟领航者运动，在运动过程中逐渐调整队形，并在虚拟领航者附近形成预定的编队队形。从图 5-7、图 5-8、图 5-9 可以看出，$X$、$Y$、$Z$ 三个方向上四旋翼无人机与虚拟领航者所确定的期望位置偏差逐渐减小并且趋向于 0，速度与虚拟领航者逐渐趋于一致，大约在 12 s 时，整个四旋翼无人机编队形成预定的队形。在编队形成过程中，每架四旋翼无人机根据控制协议调整自身运动状态，既要跟随虚拟领航者，又要确保编队无人机之间不发生碰撞。仿真结果表明本章所提及的控制协议能够有效跟随动态目标。

### 5.6.3　编队避障

设置五架四旋翼无人机在跟随虚拟领航者运动的过程中形成人字形编队，然后对环境中的障碍物进行规避，来验证本章所提及的控制协议对四旋翼无人机编队避障的控制效果。仿真结果如图 5-10 所示，编队运动过程中每架四旋翼无人机与虚拟领航者的位置偏差和速度变化过程分别如图 5-11、图 5-12、图 5-13 所示。

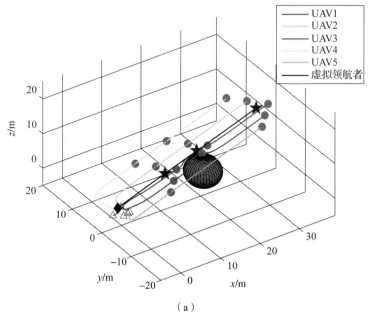

（a）

图 5-10　编队避障

（a）三维视图

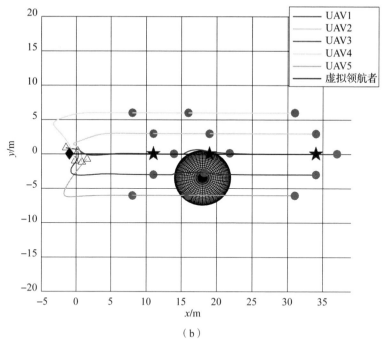

（b）

**图5－10　编队避障（续）**

（b）俯视图

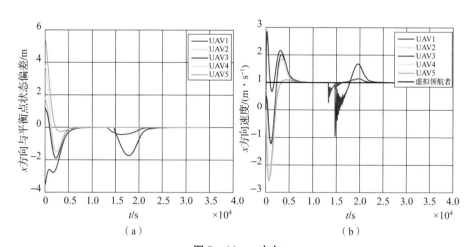

（a）　　　　　　　　　　　　　　（b）

**图5－11　x方向**

（a）位置偏差；（b）速度

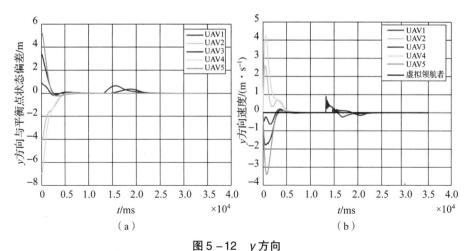

图 5 - 12　y 方向

（a）位置偏差；（b）速度

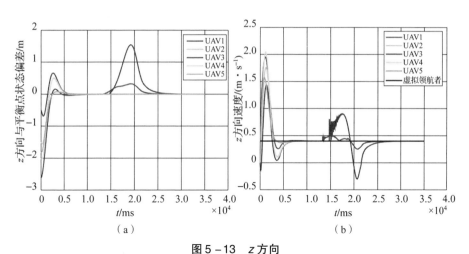

图 5 - 13　z 方向

（a）位置偏差；（b）速度

图 5 - 10 中，"◆"表示四旋翼无人机的初始位置，"●"代表运动过程中形成的编队队形，"★"为虚拟领航者的位置。从图中可以看出，四旋翼无人机由初始位置先形成预定人字形的编队队形，在运动的过程中 UAV1 和 UAV3 受球形障碍物的影响，做出避障动作，并且在进行避障动作的过程中没有影响编队中其他无人机，整个四旋翼无人机编队队形基本保持不变。结合图 5 - 11、图 5 - 12 和图 5 - 13 可以看出，在 12 s 时五架四旋翼无人机与虚拟领航者确定的期望位置的偏差为 0，速度与虚拟领航者相同，四旋翼

无人机编队的状态与虚拟领航者达成一致，形成人字形编队，说明本章所提及的控制协议可以有效控制四旋翼无人机跟踪动态过程，并避开外部环境中的障碍物。

由图 5 – 11、图 5 – 12 和图 5 – 13 可以看出，在 14 s 左右 UAV1 检测到障碍物并且做出避障动作，接近 15 s 时 UAV3 检测到障碍物并进行避障飞行。由 $x$、$y$、$z$ 三个方向的速度变化曲线可以看出，四旋翼无人机的速度变化在避障过程中存在振荡现象，这是由势场法固有缺陷引起的。图 5 – 10 (b) 表明，四旋翼无人机编队在避障过程中尽量保持原有队形；从图 5 – 13 (b) 可以看出，UAV3 的避障动作对 UAV1 产生了影响，这是由于在控制协议中增加无人机间斥力场，能够有效避免编队形成过程中四旋翼无人机之间发生碰撞，保证飞行安全。

## 5.7　本章小结

本章主要对四旋翼无人机编队避障航迹规划方法进行了研究。借鉴势场的思想，在一致性方法控制协议中增加了四旋翼无人机编队平衡点的引力场、四旋翼无人机间的斥力场和外部环境中障碍物产生的斥力场，引导四旋翼无人机进行编队避障飞行。在虚拟领航者悬停、盘旋和编队避障三种情形下对控制协议进行了仿真验证，结果表明所设计的控制协议能够保证四旋翼无人机形成预期的编队队形，并且能有效躲避外部环境中的障碍物，同时在编队形成和避障过程中保持了原有编队队形并且避免编队四旋翼无人机之间发生碰撞。但是，控制协议中引入势场法还存在局部振荡的缺点，需在下一步研究中进行改进。

# 参 考 文 献

[1] 魏瑞轩，李学仁．无人机系统及作战使用 [M]．北京：国防工业出版社，2009.

[2] [法] Rogelio Lozano. Unmanned Aerial Vehicles Embedded Control [M]．陈自力，蔚建斌，江涛，译．北京：国防工业出版社，2014.

[3] 薛若宸．无人机飞行控制与航迹规划研究 [D]．北京：北京理工大学，2016.

[4] 李博．四旋翼无人机机动控制方法研究 [D]．石家庄：陆军工程大学，2017.

[5] 邱晓红，景华．无人机系统技术发展趋势 [J]．航空科学技术，2000 (1)：28 – 30.

[6] 刘昌龙．四旋翼无人机建模与控制问题研究 [D]．武汉：湖北工业大学，2016.

[7] 吴成富，刘小齐，袁旭．四旋翼无人机建模及其 PID 控制律设计 [J]．电子设计工程，2012，20 (16)：68 – 70.

[8] 吴成富，刘小齐，马松辉．四旋翼无人机建模及其四元数控制律设计 [J/OL]．飞行力学，2013，31 (02)：122 – 125.

[9] 安宏雷．四旋翼无人机几何滑模姿态控制技术和抗扰应用研究 [D]．长沙：国防科学技术大学，2013.

[10] 刘昕．军用无人机自组网技术研究 [D]．南京：南京理工大学，2014.

[11] 陈小双，翟为刚，赵万里．美国及中国军用无人机的新发展与性能分析 [J]．舰船电子工程，2011，31 (07)：26 – 28，41.

[12] 宋琳，刘昭．国家政策：技术与市场经济的融合——以中国民用无人机技术发展为个案研究 [J/OL]．北京科技大学学报（社会科学版），2016，32 (05)：89 – 95.

[13] 王明珠．民用无人机的应用现状和前景 [A]．中国航空学会.2016

（第六届）中国国际无人驾驶航空器系统大会论文集［C］. 中国航空学会，2016：5.

［14］吴刚，周斌，杨连康. 国内外民用无人机行业发展回顾与展望［J］. 经济研究导刊，2016，（12）：160－162.

［15］黄泽满，刘勇，周星，等. 民用无人机应用发展概述［J］. 赤峰学院学报（自然科学版），2014，30（24）：30－32.

［16］周钰婷，郑健壮. 全球无人机产业：现状与趋势［J］. 经济研究导刊，2016，（26）：26－30.

［17］沈洪梁. 单/多四旋翼无人机系统平台的设计及若干应用的研究［D］. 杭州：浙江大学，2016.

［18］刘重阳. 国外无人机技术的发展［J］. 舰船电子工程，2010，30（01）：19－23.

［19］毛泽孝. 国外无人机的发展趋势［J］. 国际航空，1995，（07）：8－11.

［20］刘焕晔. 小型四旋翼飞行器飞行控制系统研究与设计［D］. 上海：上海交通大学，2009.

［21］Róbert Szabolcsi. The quadrotor－based night watchbird UAV system used in the force protection tasks［J］. International Conference Knowledge－Based Organization，2015，21（3）：170－184.

［22］Chun Kiat Tan，Jianliang Wang，Yew Chai Paw，et al. Tracking of a moving ground target by a quadrotor using a backstepping approach based on a full state cascaded dynamics［J］. Applied Soft Computing，2016：47－62.

［23］Lebsework Negash，Sang－Hyeon Kim，Han－Lim Choi. An eigenstructure assignment embedded unknown input observe approach for actuator fault detection in quadrotor dynamics［J］. IFAC PapersOnLine，2016，49（17）：426－431.

［24］张生强. 智能化在无人机上的应用前景［J］. 中国安防，2017（05）：72－74.

［25］芮益芳. 创意无人机时代［J］. 商学院，2016（07）：10－11.

［26］黄纪润. DJ公司无人机发展策略问题研究［D］. 武汉：华中师范大学，2016.

［27］ Richard Lengagne. Surface Reconstruction Using Stereo Information and Differential Properties ［A］. The Chinese Institute of Electronics （CIE）、Signal Processing Society. Proceedings of 1996 3rd International Conference on Signal Processing （ICSP96） ［C］. The Chinese Institute of Electronics （CIE）、Signal Processing Society, 1996: 4.

［28］ Cédric Berbra, Daniel Simon, Sylviane Gentil, et al. Hardware in the loop networked control and diagnosis of a quadrotor dron ［J］. IFAC Proceedings Volumes, 2009, 42 （8）: 252 – 270.

［29］ Holger Voos. Entwurf eines Flugreglers für ein vierrotoriges unbemanntes Fluggerät Control Systems Design for a Quadrotor UAV ［J］. Methoden und Anwendungen der Steuerungs – , Regelungs – und Informationstechnik, 2009, 57 （9）: 423 – 431.

［30］ Mckerrow P. Modelling the draganflyer four – rotor helicopter ［C］. Proceedings of IEEE International Conference on Robotics and Automation, 2004: 3596 – 3601.

［31］ Lim H, Park J, Lee D, et al. Build your own quadrotor: Open – source projects on unmanned aerial vehicles ［J］. IEEE Robotics & Automation Magazine, 2012, 19 （3）: 33 – 45.

［32］ Federico A, Emanuele Z, Ammar M, et al. Knot – tying with flying machines for aerial construction ［C］. IEEE/ RSJ International Conference on Intelligent Robots and Systems, 2015: 5917 – 5922.

［33］ Markus H, Robin R, Raffaello D A. Performance benchmarking of quadrotor systems using time – optimal control ［J］. Autonomous Robots, 2012, 33: 69 – 88.

［34］ Justin T, Giuseppe L, Joseph P, et al. Toward autonomous avian – inspired grasping for micro aerial vehicles ［J］. Bioinspiration and Biomimetics, 2014, 9 （2）: 025010.

［35］ Alex K, Daniel M, Caitlin P, et al. Towards a swarm of agile micro quadrotors ［J］. Autonomous Robots, 2013, 35 （4）: 287 – 300.

［36］ ILan K, Peter K. Development of the Mesicopter: A miniature autonomous rotorcraft ［C］. AHS Vertical Lift Aircfaft Design Conference, Jan 19 – 21, 2000: 2134 – 2140.

[37] Mizouri W，Najar S，Aoun M，et al. Modeling and control of a quadrotor UAV [C]. Proceedings of 15th international conference on Sciences and Techniques of Automatic control & computer engineering，2014：343 - 348.

[38] Richard Hartley，Chanop Silpa - Anan. Robotics Research [M]. Springer Berlin Heidelberg：2003.

[39] Dong Bin Lee，Timothy C. Burg，Darren M. Dawson，et al. Fly - the - Camera Perspective：Control of a Remotely Operated Quadrotor UAV and Camera Unit [M]. INTECH Open Access Publisher，2009.

[40] Bourquardez O，Guenard N，Hamel T. Kinematic visual servo controls of an X4 - flyer：practical study [C]. Proceedings of AIP Conference，2008，1019（1）：391 -396.

[41] 孙国辛. 飞行吸附机器人的自主控制技术研究 [D]. 南京：南京理工大学，2014.

[42] 吴桐. 四旋翼飞行器的控制设计和硬件在环仿真实验平台开发 [D]. 上海：上海交通大学，2016.

[43] 蒋回蓉. 变桨距四旋翼飞行器的建模与控制研究 [D]. 北京：北京航空航天大学，2014.

[44] 张晓龙. 基于视觉的四旋翼飞行器自主着陆和位姿估计 [D]. 南京：南京航空航天大学，2014.

[45] 聂博文. 微小型四旋翼无人机无人直升机建模与控制方法研究 [D]. 长沙：国防科学技术大学，2007.

[46] 莫宏伟，马靖雯. 基于蚁群算法的四旋翼无人机航迹规划 [J]. 智能系统学报，2016，11（2）：216 -225.

[47] 杨云高，鲜斌，殷强，等. 四旋翼无人飞行器架构及飞行控制的研究现状 [A]. 中国自动化学会控制理论专业委员会. 中国自动化学会控制理论专业委员会 C 卷 [C]. 中国自动化学会控制理论专业委员会，2011.

[48] 李尧. 四旋翼飞行器控制系统设计 [D]. 大连：大连理工大学，2013.

[49] 魏吉敏. 四旋翼飞行器的建模及预测控制研究 [D]. 长沙：中南大学，2013.

［50］蔡金狮. 飞行器系统辨识学［M］. 北京：国防工业出版社，2003.

［51］李俊，李运堂. 四旋翼飞行器的动力学建模及 PID 控制［J］. 辽宁工程技术大学学报（自然科学版），2012，31（01）：114 – 117.

［52］杨帆. 微型四旋翼飞行器的建模与控制系统研究［D］. 太原：太原理工大学，2014.

［53］刘莉欣. 微小型四旋翼飞行器辨识建模研究［D］. 南京：南京航空航天大学，2014.

［54］曾小勇，彭辉，吴军. 四旋翼飞行器的建模与姿态控制［J］. 中南大学学报（自然科学版），2013，44（09）：3693 – 3700.

［55］岳基隆，张庆杰，朱华勇. 微小型四旋翼无人机研究进展及关键技术浅析［J］. 电光与控制，2010，17（10）：46 – 52.

［56］丁锋. 系统辨识（3）：辨识精度与辨识基本问题［J］. 南京信息工程大学学报（自然科学版），2011，3（03）：193 – 226.

［57］赵述龙. 四旋翼飞行器模型的气动参数辨识［J］. 电子测量与仪器学报，2013，27（8）：744 – 748.

［58］刘金琨，沈晓蓉，赵龙. 系统辨识理论及 MATLAB 仿真［M］. 北京：电子工业出版社，2013.

［59］李鹏波，胡德文，张纪阳，等. 系统辨识［M］. 北京：中国水利水电出版社，2010.

［60］萧德云. 系统辨识理论及应用［M］. 北京：清华大学出版社，2014.

［61］郭栋，张波，宋超，等. 四旋翼控制系统的设计［J］. 辽宁工业大学学报（自然科学版），2016，36（05）：281 – 285.

［62］乌仁别丽克. 基于串级 PID 控制算法的四旋翼无人机控制系统设计与实现［D］. 上海：东华大学，2016.

［63］王雪冰. 基于 PID 算法的四旋翼姿态控制系统与研究［D］. 西安：西安科技大学，2015.

［64］叶树球，詹林. 基于 PID 的四旋翼飞行器姿态控制系统［J/OL］. 计算机与现代化，2015（05）：117 – 120.

［65］李俊，李运堂. 四旋翼飞行器的动力学建模及 PID 控制［J］. 辽宁工程技术大学学报（自然科学版），2012，31（01）：114 – 117.

［66］田聪玲. 基于反步法的四旋翼飞行器非线性控制［D］. 哈尔滨：哈尔滨工业大学，2014.

[67] 黄牧. 基于反步法的微型四旋翼无人飞行器非线性自适应控制研究 [D]. 天津：天津大学，2009.

[68] 李鸿儒. 考虑执行器饱和的四旋翼无人机控制系统设计 [D]. 哈尔滨：哈尔滨工业大学，2016.

[69] 司磊. 多饱和 LPV 系统的控制及其在飞行控制中的应用 [D]. 沈阳：东北大学，2008.

[70] 林冶. 三自由度飞行器模型的模糊 PID 控制研究 [D]. 沈阳：东北大学，2009.

[71] 胡锦添，舒怀林. 基于 PID 神经网络的四旋翼飞行器控制算法研究 [J]. 自动化与信息工程，2015，36（01）：18-22.

[72] 刘军雨. 小型四旋翼飞行器平台设计与控制方法研究 [D]. 哈尔滨：哈尔滨工业大学，2016.

[73] 曹欢，恒庆海. 四旋翼姿态轨迹跟踪的滑模鲁棒自适应控制 [J]. 北京信息科技大学学报（自然科学版），2015，30（02）：81-85.

[74] 王璐，等. 欠驱动四旋翼无人飞行器的滑模控制 [J]. 哈尔滨工程大学学报，2012，33（10）：1248-1253.

[75] 甄红涛，齐晓慧，夏明旗，等. 四旋翼无人直升机飞行控制技术综述 [J]. 飞行力学，2012，30（04）：295-299.

[76] 张超. 混合群智能优化算法研究与应用 [D]. 北京：北京科技大学，2017.

[77] 刘亮. 基于势场蚁群算法的移动机器人路径规划研究 [D]. 南昌：南昌大学，2013.

[78] 霍凤财，任伟建，刘东辉. 基于改进的人工势场法的路径规划方法研究 [J]. 自动化技术与应用，2016，3：63-67.

[79] 周源，王希彬. 无人机 SLAM 避障技术研究 [J]. 兵工自动化，2015，34（11）：78-81.

[80] Rezaee H, Abdollahi F. A decentralized cooperative control scheme with obstacle avoidance for a team of mobile robots [J]. IEEE Transactions on Industrial Electronics, 2014, 61 (1): 347-354.

[81] Mac T T, Copot C, Hernandez A, et al. Improved potential field method for unknown obstacle avoidance using UAV in indoor environment [C]. Applied Machine Intelligence and Informatics (SAMI), 2016 IEEE 14th

International Symposium on. IEEE, 2016：345 – 350.

［82］ Tseng F H, Liang T T, Lee C H, et al. A star search algorithm for civil UAV path planning with 3G communication ［C］. Intelligent Information Hiding and Multimedia Signal Processing (IIH – MSP), 2014 Tenth International Conference on. IEEE, 2014：942 – 945.

［83］ 唐晓东. 基于 A∗算法的无人机航迹规划技术的研究与应用 ［D］. 绵阳：西南科技大学, 2012.

［84］ 李季, 孙秀霞. 基于改进 A – Star 算法的无人机航迹规划算法研究 ［J］. 兵工学报, 2008, 29 (7)：788 – 792.

［85］ Guruji A K, Agarwal H, Parsediya D K. Time – efficient A∗ algorithm for robot path planning ［J］. Procedia Technology, 2016, 23：144 – 149.

［86］ Steven M. La Valle. Rapidly – Exploring Random Tree：a new tool for path planning ［R］. Ames：Iowa State University, 1998.

［87］ 莫松, 黄俊, 郑征, 等. 基于改进快速扩展随机树方法的隐身无人机突防航迹规划 ［J］. 控制理论与应用, 2014 (3)：375 – 385.

［88］ 宋金泽, 戴斌, 单恩忠, 等. 一种改进的 RRT 路径规划算法 ［J］. 电子学报, 2010, 38 (2A)：225 – 228.

［89］ 李猛. 基于智能优化与 RRT 算法的无人机任务规划方法研究 ［D］. 南京：南京航空航天大学, 2012.

［90］ Bhandari S, Srinivasan T. Path – Planning around Obstacles for a Quadrotor UAV Using the RRT Algorithm for Indoor Environments ［M］. AIAA Infotech@ Aerospace. 2016：2196.

［91］ 顾潮琪, 周德云. 一种改进遗传算法在 UCAV 快速航迹规划中的应用 ［J］. 火力与指挥控制, 2015, 40 (2)：70 – 73.

［92］ 周青, 张锐, 索晓杰, 等. 具有时间约束的无人机遗传算法航迹规划 ［J］. 航空计算技术, 2016, 46 (2)：93 – 96.

［93］ Sahingoz O K. Generation of bezier curve – based flyable trajectories for multi – UAV systems with parallel genetic algorithm ［J］. Journal of Intelligent & Robotic Systems, 2014, 74 (1 – 2)：499 – 511.

［94］ Shorakaei H, Vahdani M, Imani B, et al. Optimal cooperative path planning of unmanned aerial vehicles by a parallel genetic algorithm ［J］. Robotica, 2016, 34 (4)：823 – 836.

［95］肖绍. 基于改进蚁群算法的无人机航迹规划研究［D］. 南昌：南昌航空大学, 2016.

［96］凌兴雨. 无人机三维航迹规划算法研究［D］. 大连：大连理工大学, 2015.

［97］Ghanem M A, Ahmed R A. Ant colony optimization：Approach for an obstacle［J］. Journal of Applied Sciences, 2016, 16 (2)：58.

［98］Zhang M, Jiang Z, Wang L, et al. Research on parallel ant colony algorithm for 3D terrain path planning［C］. Asian Simulation Conference. Springer, Singapore, 2017：74 –82.

［99］Neydorf R, Yarakhmedov O, Polyakh V, et al. Robot Path Planning Based on Ant Colony Optimization Algorithm for Environments with Obstacles［M］. Improved Performance of Materials. Springer, Cham, 2018.

［100］方群, 徐青. 基于改进粒子群算法的无人机三维航迹规划［J］. 西北工业大学学报, 2017, 35 (1)：66 –73.

［101］刘琼昕, 田大鑫, 靳林勇, 等. 改进粒子群算法应用于无人机航迹规划［C］//第九届全国信号和智能信息处理与应用学术会议专刊, 2015.

［102］Mac T T, Copot C, Tran D T, et al. A hierarchical global path planning approach for mobile robots based on multi – objective particle swarm optimization［J］. Applied Soft Computing, 2017, 59：68 –76.

［103］Belkadi A, Ciarletta L, Theilliol D. Particle swarm optimization method for the control of a fleet of Unmanned Aerial Vehicles［C］. Journal of Physics：Conference Series. IOP Publishing, 2015, 659 (1)：012015.

［104］Kim J J, Lee J J. Trajectory optimization with particle swarm optimization for manipulator motion planning［J］. IEEE Transactions on Industrial Informatics, 2015, 11 (3)：620 –631.

［105］江铭炎, 袁东风. 人工蜂群算法及其应用［M］. 北京：科学出版社, 2014.

［106］王志刚, 尚旭东, 夏慧明, 等. 多搜索策略协同进化的人工蜂群算法［J］. 控制与决策, 2018, 33 (02)：235 –241.

［107］吴小文, 李擎. 果蝇算法和5 种群智能算法的寻优性能研究［J］. 火力与指挥控制, 2013, 38 (4)：17 –20.

[108] Peng X Z, Lin H Y, Dai J M. Path planning and obstacle avoidance for vision guided quadrotor UAV navigation ［C］. Control and Automation (ICCA), 2016 12th IEEE International Conference on. IEEE, 2016: 984 - 989.

[109] 干阳琳. 四旋翼无人机编队自动飞行的避障算法研究 ［D］. 成都: 成都理工大学, 2017.

[110] 丁国华, 朱大奇. 多 AUV 主从式编队及避障控制方法 ［J］. 高技术通讯, 2014 (5): 538 - 544.

[111] 张民, 夏卫政, 黄坤, 等. 基于 Leader - Follower 编队的无人机协同跟踪地面目标制导律设计 ［J］. 航空学报, 2018, 39 (2): 225 - 237.

[112] Quesada W O, Rodriguez J I, Murillo J C, et al. Leader - follower formation for UAV robot swarm based on fuzzy logic theory ［C］. International Conference on Artificial Intelligence and Soft Computing. Springer, Cham, 2018: 740 - 751.

[113] Abbasi Y, Moosavian S A A, Novinzadeh A B. Formation control of aerial robots using virtual structure and new fuzzy - based self - tuning synchronization ［J］. Transactions of the Institute of Measurement and Control, 2017, 39 (12): 1906 - 1919.

[114] 潘无为, 姜大鹏, 庞永杰, 等. 人工势场和虚拟结构相结合的多水下机器人编队控制 ［J］. 兵工学报, 2017, 38 (2): 326 - 334.

[115] 谷逸宇. 多导弹编队飞行导引律设计 ［J］. 现代防御技术, 2014, 42 (1): 51 - 55.

[116] 施孟佶. 复杂环境下多智能体一致性控制及其在协同飞行中的应用 ［D］. 成都: 电子科技大学, 2017.

[117] 王超瑞. 基于信息一致性理论的无人机编队控制算法研究 ［D］. 哈尔滨: 哈尔滨工业大学, 2017.

[118] 王勇强. 基于一致性算法的无人机编队技术研究 ［D］. 北京: 北京大学, 2012.

[119] 李寒冰, 吴大卫. 一种无人机气动参数辨识的实现方法 ［J］. 飞行力学, 2014, 32 (2): 183 - 188.

[120] 赫丛奎. 四旋翼机器人姿态控制系统及控制方法研究 ［D］. 北京: 北方工业大学, 2014.

[121] 王菊平.基于神经网络的永磁同步电机参数辨识研究 [D].上海：东华大学，2016.

[122] 邹瑜，裴海龙，刘馨，等.飞机模型频域辨识方法——CIFER 算法研究 [J].电光与控制，2010，17（5）：46-49.

[123] 李飞.四旋翼飞行器姿态自平衡控制系统的研究 [D].哈尔滨：哈尔滨工业大学，2013.

[124] 唐文彦，李慧鹏，张富春.扭摆法测量飞行体转动惯量 [J].南京理工大学学报，2008，02：69-72.

[125] 万慧.基于自抗扰控制的四旋翼无人机位姿控制研究 [D].石家庄：军械工程学院，2017.

[126] 孙克勇，符秀辉.基于 STM32 的四旋翼飞行机器人旋翼升力系数测定 [J].沈阳化工大学学报，2014，28（3）：253-257.

[127] Hamel P, Kaletka J. Advances in Rotorcraft System Identification [J]. Progress in Aerospace Science, 1997, 33 (3-4)：259-284.

[128] 刘贺.广义线性系统的鲁棒输出反馈特征结构配置 [D].哈尔滨：哈尔滨工业大学，2016.

[129] Tanaka T, Sasaki D. Autonomous flight control for a Sm-all RC helicopter：A mearsurment system with an EKF and a fuzzy control via Ga-based learning [C]. In Pro-ceedings of the SICE-ICASE Internation Joint Conference, Busan, South Korea, 2006：1279-1284.

[130] 陈海，何开锋.基于非线性 L1 自适应动态逆的飞行器姿态角控制 [J].控制理论与控制应用，2016，33（8）：1111-1118.

[131] 韩京清.自抗扰控制器及其应用 [J].控制与决策，1998，13（1）：19-23.

[132] 陈星.自抗扰控制器参数整定方法及其在热工过程中的应用 [D].北京：清华大学，2008.

[133] Xia Y, Lu K, Zhu Z, et al. Adaptive back-stepping sliding mode attitude control of missile systems [J]. International Journal of Robust and Nonlinear Control, 2013, 23 (15)：1699-1717.

[134] 杨立本，章卫国，黄得刚.基于 ADRC 姿态解耦的四旋翼飞行器鲁棒轨迹跟踪 [J].北京航空航天大学学报，2015，41（6）：1026-1033.

[135] Gao Z Q. Scaling and bandwidth – parameterization based controller tuning [C]. Proceedings of the American control conference. Denver, Colorado, 2003：4989 – 4996.

[136] Reynolds, Flocks, Herds, et al. A distributed behavioral model [J]. Computer Graphic, 1987, 21（4）：25 – 34.

[137] Kennedy J, Eberhart R. Particle swarm optimization [C]. Proceedings of ICNN95 – International Conference on Neural Networks. IEEE, 1995：1942 – 1948.

[138] Shi Y H, Eberhart R. A modified particle swarm optimizer [C]. Proc of IEEE International Conference on Evolutionary Computation, 1998：69 – 73.

[139] 项国波. ITAE 最佳控制 [M]. 北京：机械工业出版社, 1986.

[140] 苏位峰. 异步电机自抗扰矢量控制调速系统 [D]. 北京：清华大学, 2004.

[141] 陈增强, 孙明玮, 杨瑞光. 线性自抗扰控制器的稳定性研究 [J]. 自动化学报, 2013, 39（5）：574 – 580.

[142] 沈杰. 复杂动态环境下机器人避撞路径规划 [J]. 机械设计与制造, 2017, 11：255 – 258.

[143] 李连鹏, 苏中, 谢迎刚, 等. 基于遗传算法的机器鱼水中航迹规划 [J]. 兵工自动化, 2015, 34（12）：93 – 96.

[144] 席剑锐, 杨金孝, 张博亮, 等. 无人机实时三维航迹规划 [J]. 计算机测量与控制, 2016, 24（6）：181 – 184.

[145] 孟偲, 王田苗. 一种移动机器人全局最优路径规划算法 [J]. 机器人, 2008, 30（3）：217 – 222.

[146] 赵江铭炎, 袁东风. 人工蜂群算法及其应用 [M]. 北京：科学出版社, 2014.

[147] 吴婷. B 样条方法及其在 CAGD 中的应用研究 [D]. 合肥：安徽大学, 2015.

[148] Mohamed Elbanhawi, Milan Simic, Reza Jazar. Randomized bidirectional B – Spline parameterization motion planning [J]. IEEE Transactions on Intelligent Transportation Systerms, 2016：406 – 419.

[149] 郭怀天. B 样条曲线及曲面研究 [D]. 合肥：合肥工业大学, 2012.

[150] 宁爱平，张雪英．人工蜂群算法的收敛性分析［J］．控制与决策，2013，29（10）：1554－1558.

[151] 曾建潮，介婧，崔志华．微粒群算法［M］．北京：科学出版社，2004.

[152] 暴励．一种思维进化蜂群算法［J］．电子学报，2015，43（5）：948－955.

[153] 张昊．无人软翼飞行器鲁棒反步跟踪控制方法与航迹规划研究［D］．石家庄：陆军工程大学，2016.

[154] 陈春梅．无人机快速三维航迹规划算法的研究［D］．成都：电子科技大学，2012.

[155] 王凯，张摇维，周德新．基于四旋翼飞行器的飞行航迹规划方法研究［J］．计算机仿真，2014，31（5）：84－88.

[156] 王道威，朱明富，刘慧．动态步长的 RRT 路径规划算法［J］．计算机技术与发展，2016，26（3）：105－107，112.

[157] 朱旭，闫茂德，张昌利，等．基于改进人工势场的无人机编队防碰撞控制方法［J］．哈尔滨工程大学学报，2017，38（6）：961－968.

[158] 樊琼剑，杨忠，方挺，等．多无人机协同编队飞行控制的研究现状［J］．航空学报，2009，30（4）：683－691.

[159] 张佳龙，闫建国，张普，等．基于一致性算法的无人机协同编队避障研究［J］．西安交通大学学报，2018，52（9）：1－7.

[160] 薛瑞彬．多无人机分布式协同编队飞行控制技术研究［D］．北京：北京理工大学，2016.

[161] Fax J A, Murray R M. Information flow and cooperative control of vehicle formations［J］．IEEE Transactions on Automatic Control, 2004, 49（9）：1465－1476.

[162] 王超瑞．基于信息一致性理论的无人机编队控制算法研究［D］．哈尔滨：哈尔滨工业大学，2017.

[163] 李向舜．网络化群体系统编队与一致性控制［D］．武汉：华中科技大学，2009.

[164] Ren W. Consensus tracking under directed interaction topologies：Algorithms and experiments［C］．American Control Conference, 2008. IEEE, 2008：742－747.

[165] Lin Z, Francis B, Maggiore M. Necessary and sufficient graphical conditions for formation control of unicycles [J]. IEEE Transactions on Aautomatic Control, 2005, 50 (1): 121 – 127.

[166] Quesada W O, Rodriguez J I, Murillo J C, et al. Leader – follower formation for UAV robot swarm based on fuzzy logic theory [C]. International Conference on Artificial Intelligence and Soft Computing. Springer, Cham, 2018: 740 – 751.

[167] 邢小军, 席奥, 闫建国. 多无人机协同编队最优鲁棒控制方法研究 [J]. 西北工业大学学报, 2013, 31 (5): 722 – 726.

[168] Hu Zhiwei, Liang Jiahong, Chen Ling, et al. A hierarchical architecture for formation control of MultiUAV [C]. International Workshop on Information and Electronics Enhineering (IWIEE), 2012: 3846 – 3851.

[169] 杨甜甜, 苏治宝, 刘进, 等. 多移动机器人避障编队研究 [J]. 计算机仿真, 2011, 28 (9): 215 – 218.

[170] Valter Roldao, Rita Cunha, David Cabecinhas, et al. A novel leader – following strategy applied to formations of quadrotors [C]. European Control Conference (ECC), 2013: 1817 – 1822.

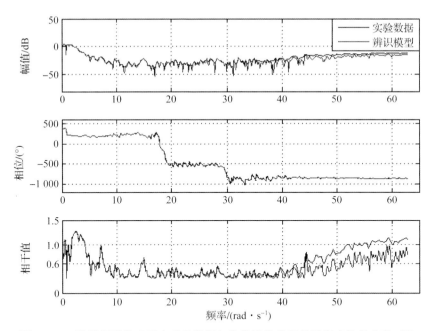

图 2－12　滚转通道仿真平台采集数据与传递函数辨识模型频率特性曲线对比

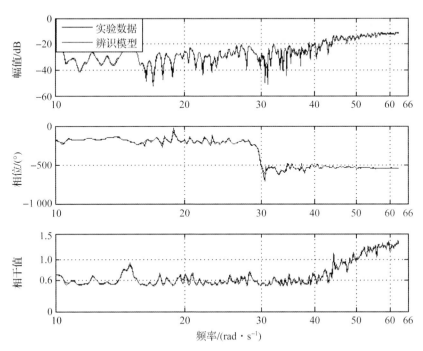

图 2－13　俯仰通道仿真平台采集数据与状态空间方程辨识模型频率特性曲线对比

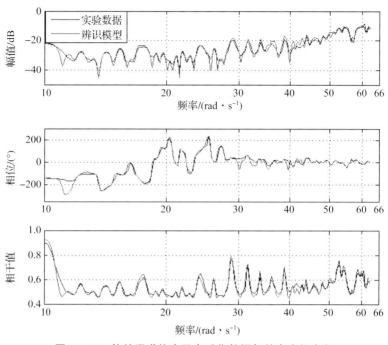

图2-14　偏航通道仿真平台采集数据与状态空间方程

辨识模型频率特性曲线对比

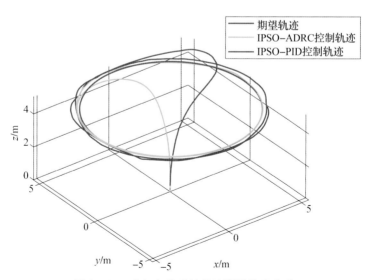

图3-16　未加入扰动的轨迹跟踪仿真实验

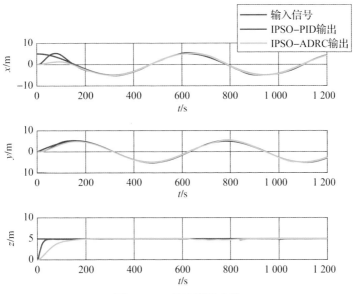

图 3 - 17　轨迹跟踪曲线

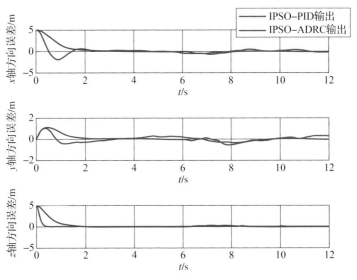

图 3 - 18　轨迹跟踪误差

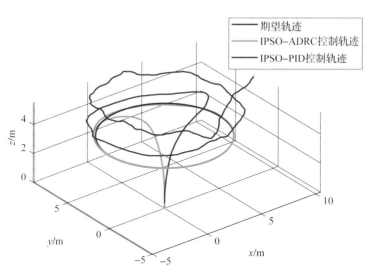

图 3 - 19 加入扰动的轨迹跟踪仿真实验

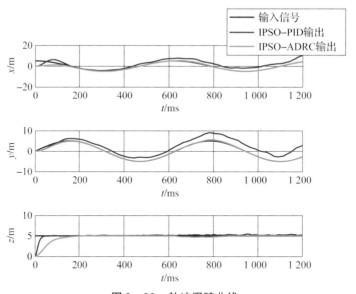

图 3 - 20 轨迹跟踪曲线

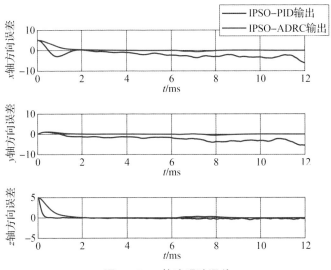

图 3 - 21    轨迹跟踪误差

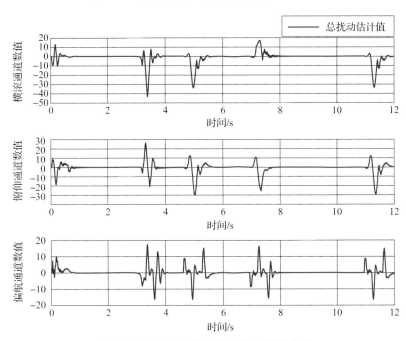

图 3 - 22    LESO 在无扰环境下的估计值

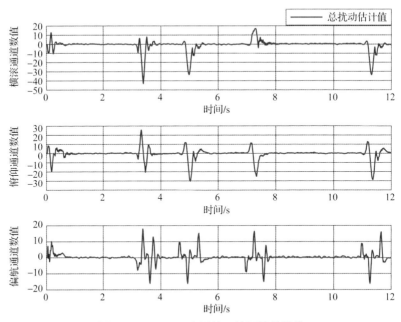

图 3 – 23　LESO 在干扰环境下的估计值

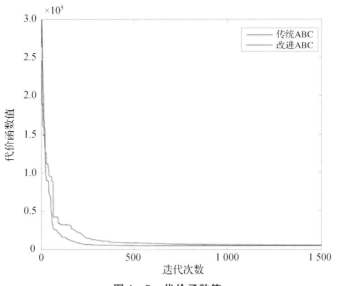

图 4 – 5　代价函数值